ビジュアル版

一冊でつかむ 世界を動かす半導体

ずーぼ 著

河出書房新社

はじめに

半導体は、現代社会を支える基盤として不可欠な存在です。多くの方にとって、半導体は直接目に入りませんが、スマートフォンやパソコン、家電製品、自動車、医療機器、その他さまざまな社会インフラに使われており、私たちの生活は半導体なしでは成り立たなくなっています。

そのため、各地で半導体をめぐる争奪戦のような事態が発生。今や半導体が世界情勢を動かしている、と言っても過言ではありません。本書は、そんな半導体についてわかりやすく解説するものです。

半導体は第二次世界大戦後のアメリカでトランジスタが発明されて以来、情報技術の進歩とともに大きく発展。半導体産業も飛躍的に成長しました。そしてインターネットが普及するにつれてデータ処理能力の向上が求められると、半導体はさらなる進化を遂げ、私たちはより高速で効率的なコンピュータやスマートフォンを手にできるようになりました。

近年ではAI（人工知能）が凄まじい進化の最中にありますが、その背景には大量のデータを高速処理できる半導体の存在があります。
また、半導体はエネルギー効率の向上にも寄与しています。電力消費を抑える技術の開発により、エネルギーコストの削減と環境負荷の軽減が実現されています。これにより、持続可能な社会の実現に向けた一歩が踏み出されました。さらに、自動車産業においても半導体の重要性は増しています。自動運転技術の進展にともない、車両の制御や通信のための高性能な半導体が必要不可欠となっています。
このように、半導体はあらゆる局面に影響を及ぼしています。国際的な政治・経済への影響も大きく、半導体の知識がないと理解できないニュースも増えてきました。そこで本書では、半導体に関する最近のトピックをはじめ、注目すべき企業、各国の戦略について図版とともに解説。半導体のしくみや業界構造などの基本事項にも言及しています。
半導体を知ることで世界の動きをつかみ、どのような未来が待っているかを探る——。本書がそのお役に立てば幸いです。

ずーぼ

半導体MAP

半導体不足

半導体争奪戦や新型コロナウイルスの蔓延などの影響により、2020年秋頃から半導体のサプライチェーン（供給網）が混乱。半導体の世界的な品薄状態が長引き、世界経済にも悪影響を及ぼした

半導体戦争

アメリカと中国の貿易摩擦が半導体にも波及。米中だけでなく世界各国が半導体の安定確保に動いた結果、半導体戦争と呼ばれるほどの争奪戦が勃発した

アメリカ

シリコンバレー

アリゾナ州

tsmc

トランプ関税

2025年1月に誕生した第二次トランプ政権は外交手段として高関税政策を計画。半導体にも高い関税を課し、半導体製造をアメリカ国内で完結させようとしているといわれる

エヌビディアの躍進

アメリカのエヌビディアが2024年に時価総額で一時的に世界一となるなど大躍進。株価を押し上げ、日本もその恩恵にあずかった

盟主交代？

半導体産業ではアメリカのインテルや韓国のサムスン電子が業界の牽引役をつとめてきたが、近年は業績があまり振るわない。代わって台頭したエヌビディアが新たな「盟主」として君臨するとの見方もある

世界の

投資の増加

半導体不足は経済に甚大な影響を与える。そのため各国とも半導体の安定確保を目指し、法制度を確立するなどして、半導体産業の振興を図っている

ドイツ
ドレスデン
中国
熊本
日本
台湾

新工場の建設

2024年2月にTSMCが熊本工場を始動させた。この台湾メーカーは、日本だけでなくアメリカや欧州にも工場を新設。韓国のサムスン電子なども海外進出の動きを見せはじめている

半導体市場の国別比率

日本 7.4%
アメリカ 28.1%
欧州・中東・アフリカ 8.8%
アジア・太平洋 55.7%

出所：WSTS

世界の半導体産業をリードする国はアメリカだが、韓国や台湾などのアジア勢も大きな存在感を放っている。かつての半導体王国である日本は、海外メーカーの誘致やなどで再起をかける

半導体MAP

千歳市

大衡村

PSMCの撤退

TSMCに続いて日本進出（宮城県大衡村）を計画していた台湾のPSMCだが、2024年9月に「台湾の法律上の理由」で撤退。経済効果に期待していた関係者などに衝撃を与えた

ラピダス設立

半導体王国の復活を掲げる日本が大きな期待をかけているのが、官民一体で設立した半導体メーカーのラピダス。2027年頃の2nm半導体の量産化を目指している

トヨタ自動車
デンソー
ソニーグループ
キオクシア
ソフトバンク
三菱UFJ銀行
NEC　NTT

創設時からの出資企業（株主）

出資

三井住友銀行
みずほ銀行
日本政策投資銀行
富士通
など

新たな出資を検討している企業

出資

ラピダス

出所：経済産業省

半導体株高で日経平均株価上昇

2024年2月22日、日経平均株価がバブル期の1989年末につけた史上最高値3万8915円を更新。その原動力となったのが半導体関連株。アメリカのエヌビディアの好決算の影響で、東京市場でも半導体関連株に買いが集まり、日経平均を押し上げた

日本の

中国への輸出規制

2022年10月、アメリカは中国への先端半導体技術の輸出規制を強化し、友好関係にある日本にも対中輸出規制の法制化を要請。日本も米中対立に巻き込まれることとなった

政府による主な支援

日本は自国の半導体産業の復活を後押しするため、公的支援を実施。2030年度までに半導体やAI分野に対して10兆円以上の補助金を投入する計画を立てている

支援先の企業	所在地	支援額	主要生産品
ラピダス	北海道千歳市	9200 億円	ロジック半導体
キオクシア	三重県四日市市	2430 億円	フラッシュメモリ
マイクロン	広島県東広島市	1920 億円	DRAM
TSMC	熊本県菊陽町	4760 億円	ロジック半導体

TSMCの工場建設

台湾のTSMCによる日本進出は半導体業界に大きな刺激を与えた。半導体王国復活への一歩となるほか、工場が建設された熊本県菊陽町は「半導体バブル」に沸くことになった

東広島市

四日市市

菊陽町

もくじ

PART 2 知られざる半導体業界

PART 3 いま注目されている半導体メーカー

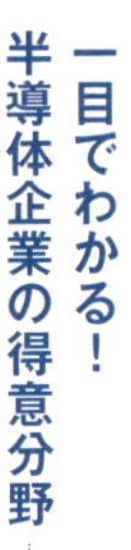

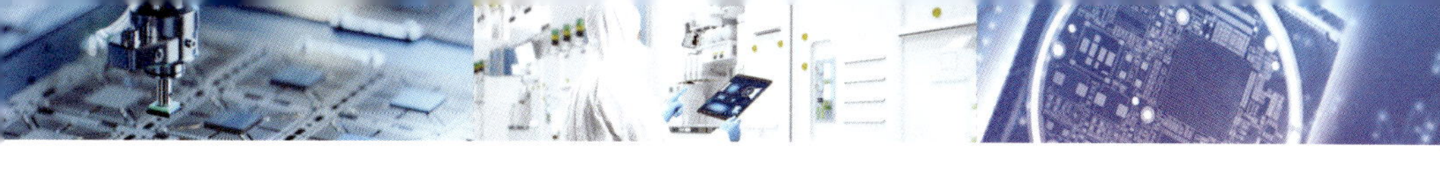

主な参考文献

『半導体戦争 世界最重要テクノロジーをめぐる国家間の攻防』クリス・ミラー著 千葉敏生翻訳（ダイヤモンド社）
『半導体ビジネス最前線』日本経済新聞出版編集（日本経済新聞出版）
『2030 半導体の地政学 戦略物資を支配するのは誰か』太田泰彦（日経BP 日本経済新聞出版）
『エヌビディア 半導体の覇者が作り出す2040年の世界』津田建二（PHP研究所）
『半導体産業のすべて 世界の先端企業から日本メーカーの展望まで』菊地正典（ダイヤモンド社）
『ビジネス教養として知っておくべき半導体』大幸秀成監修 大内孝子著 大和哲著（ソシム）
『図解雑学 最新 半導体のしくみ』西久保靖彦 （ナツメ社）
『ビジネス教養としての半導体』高乗正行（幻冬舎）
『図解即戦力 半導体業界の製造工程とビジネスがこれ1冊でしっかりわかる教科書』エレクトロニクス市場研究会著 稲葉雅巳監修（技術評論社）
日本経済新聞/朝日新聞/毎日新聞/読売新聞

その他、官公庁や半導体関連企業など多数のホームページを参考にさせていただきました。

写真提供

Shutterstock

※本書は2025年2月時点の情報に基づいています。

半導体と国際情勢

現在の世界は半導体という最重要物資によって回っている

Point

- 半導体市場は成長を続けている。
- 各国とも半導体の安定供給を目指してさまざまな戦略をとっている。
- 世界最大の半導体大国はアメリカであり、台湾や韓国のアジア勢がそれに続く。

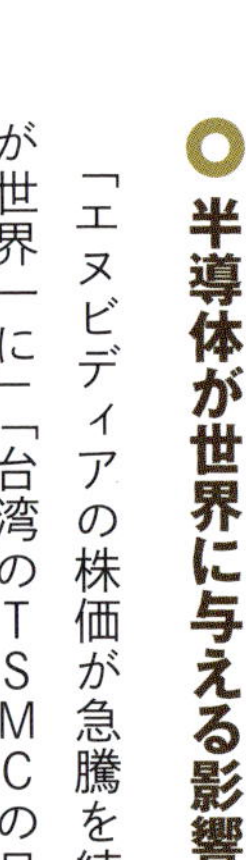

半導体が世界に与える影響

「エヌビディアの株価が急騰を続け、時価総額が世界一に」「台湾のＴＳＭＣの日本進出で熊本が半導体バブルに沸く」「日本の半導体メーカーラピダスが２nm（ナノメートル）世代半導体の試作品を製造開始予定」「新展開を見せる米中の半導体覇権争い」「半導体不足で新型ゲーム機が発売延期に」……。

　最近、インターネットやテレビのニュース、新聞などで半導体関連の話題を見聞きする機会が増えてきました。それは、半導体というものが世界の経済や政治外交に大きな影響を与えているからにほかなりません。

　半導体は非常に多くの種類があります。計算をするロジック半導体、情報を記憶するメモリ、光や音を検知するセンサなどで、スマートフォンやパソコン、自動車、家電製品など、あらゆる分野で重要な役割を果たしています。また太陽光発電に使われるソーラーパネルや、信号機に使われる発光ダイオードも半導体の一種です。

半導体不足は国家の存亡にかかわる

　さらに近年はChatGPT（チャットジーピーティー）に代表される生成ＡＩや、「モノのインターネット」といわれるIoT、自動運転などへの半導体使用が急増。半導体の市場規模は拡大を続けています。

　世界半導体市場統計（ＷＳＴＳ）の調査によると、２０２４年における世界の半導体の売上高は６１１２億ドルで、25年には前年比12・5％増の６８７４億ドルに達する見込みです。20年時点で４４０４億ドルなので、急速な成長ぶりがわかるでしょう。

　この成長を牽引しているのは、ＡＩ向けの半導体であるＧＰＵ（Graphics Processing Unit＝画

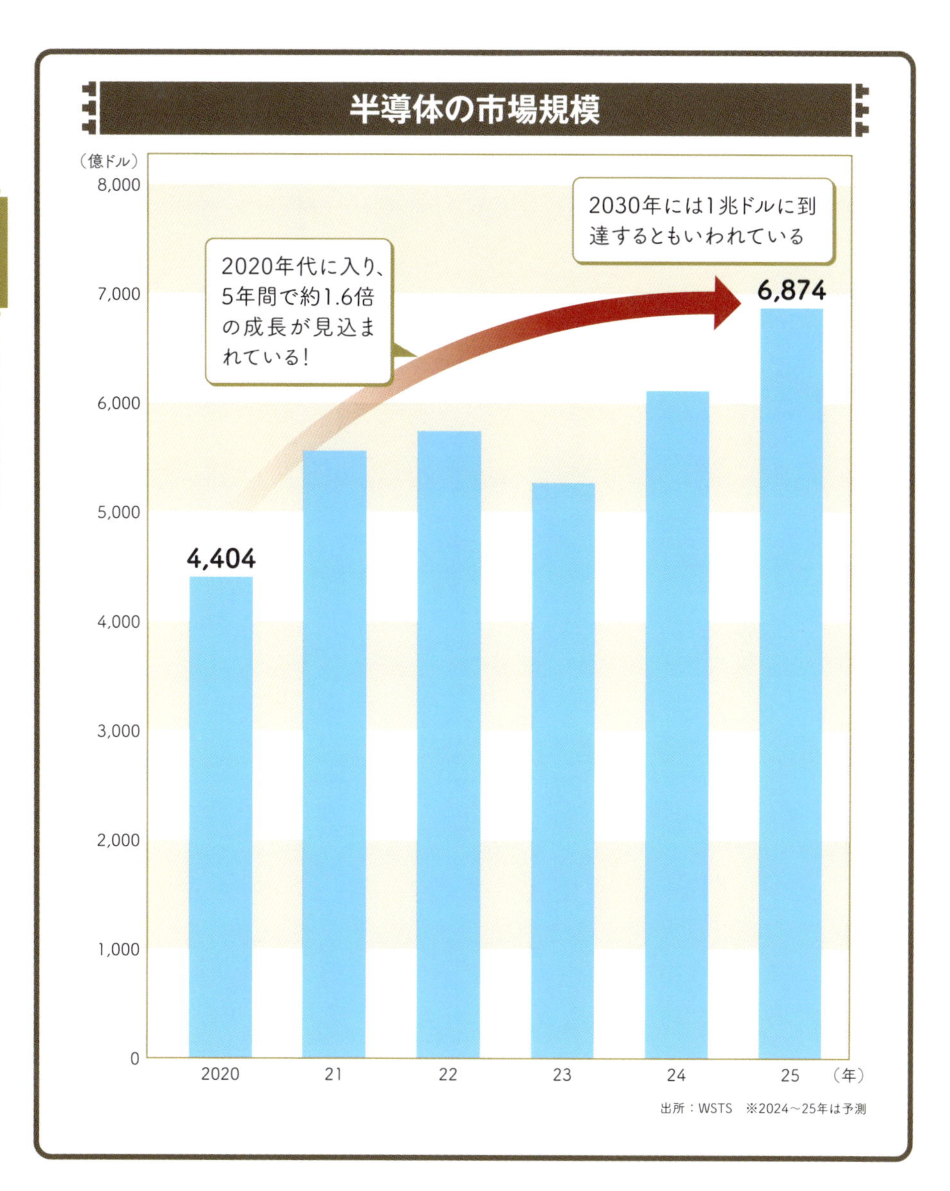

半導体こぼれ話 半導体が「産業の米」といわれる理由

日本の食文化の中核は、長く米が担ってきました。それにちなんで、日本のあらゆる産業の基盤となり、生活に欠かせない存在である半導体を「産業の米」といいます。ただし、この言葉の対象は時代によって変化し、戦後の高度成長期から冷戦時代は鉄鋼が「産業の米」といわれていました。半導体が対象になったのは1970年代以降とされています。

像処理装置）やメモリの需要の増加です。
また、2030年には市場規模が1兆ドルに到達すると予測する調査会社もあります。すさまじい伸び率です。
こうした状況ですから、もはや半導体の有無が国や大企業の有りようを左右すると言っても過言ではなく、国際社会では半導体を確保するためにさまざまな施策がとられています。
たとえばアメリカは、2022年にCHIPS（チップス）法をつくり、半導体関連企業への補助金支給を法制化。この助成により、アメリカの大手インテルや台湾のTSMC、韓国のサムスン電子などがアメリカ国内で新工場建設を推進することになりました。アメリカ国外ではなく、国内での半導体生産を増やし、安定的に確保しようというわけです。
日本もTSMCを熊本に誘致（2024年2月に工場開所）したり、半導体メーカーのラピダスを官民一体となって設立し先端半導体の国産化を図ったりして、半導体不足に陥らないように対策を講じています。
このように、各国が自国の産業にとって重要な物資を安定的に調達できるようにすることを経済安全保障といいます。半導体争奪戦に勝利するには、経済安全保障が極めて重要になってきます。

なぜ世界的な半導体不足が起こった？

そもそも半導体争奪戦が激化したのは、アメリカと中国の対立がきっかけでした。
超大国のアメリカで第一次トランプ政権が成立した2017年、同国の対中貿易赤字が深刻化。その頃、中国による最先端技術の奪取や国家機密の不正流出が明らかになったこともあり、アメリカは中国への制裁措置を実行します。経済制裁は2020年代以降も続きました。
その結果、中国の大手通信機器メーカーであるファーウェイはTSMCに半導体の製造委託ができなくなり、中国のファウンドリであるSMICはアメリカ企業などからの製造受託ができなくなったため、混乱が広がりました。これと並行して、コロナ禍からの経済回復によって半導体の需要が急増したため、需給バランスが大きく崩れ、半導体不足に陥ってしまったのです。

半導体産業の国別・力関係

欧州

半導体供給を長く域外に頼ってきたが、近年は半導体の研究開発および生産体制の強化を政策的に推進している

ASML

韓国

現在は台湾とアジアの盟主の座を争っている。スマホや家電のメーカーとして知られるサムスン電子が半導体製造でも国を牽引し続けている

SAMSUNG

日本

かつてのトップランナーだが、1990年代半ば以降、凋落していき、現在は時代に取り残されてしまった。それでも有力メーカーは多数あり、復権が待たれる

SONY TEL

中国

アメリカに次ぐ世界2位の経済大国は、半導体の内製化に挑戦中。しかし、アメリカによる経済制裁の影響などで苦戦している

台湾

急成長を遂げたアジアの雄。日本進出を果たしたTSMCのように、受託生産の企業モデルで成功した企業が力をもっている

UMC

アメリカ

半導体を生んだ国。老舗のインテルをはじめクアルコム、ブロードコム、そしてエヌビディアなどの有力企業を有する世界最大の半導体大国

NVIDIA

半導体こぼれ話 トランプ関税と半導体

2025年1月、2度目のアメリカ大統領に就任したトランプ氏は、カナダやメキシコなどに対する関税引き上げを宣言しました。この高関税政策は、半導体にも課せられる可能性があります。トランプ大統領は、半導体生産をアメリカ国内に戻すため、外国産の半導体に高い関税を課すという考えを表明しているのです。「関税を支払いたくなければ、アメリカに工場を建設しろ」。そんな新大統領の暴挙に、半導体業界も戦々恐々としています。

この教訓を活かし、アメリカは先述のCHIPS法などで対応。一方、中国も巨額の資金を投入して半導体産業の育成を図り、先端半導体の製造に成功したりしています。

注目の半導体関連企業は？

半導体産業の国別の力関係をおおまかに見ると、世界最大の経済大国であるアメリカがトップを走り、台湾や韓国が追走、遅れて欧州、日本、中国といった構図になります。

近年、著しく伸びているのは台湾です。台湾の半導体メーカーは受託生産の企業モデルで成功し、飛躍を遂げました。日本はかつては業界のトップランナーでしたが、現在は時代に取り残されてしまった感が否めません。

それでは企業別ではどうでしょうか。今、最も注目されている半導体メーカーといえば、やはりアメリカのエヌビディアでしょう。

エヌビディアが設計するGPUは画像や映像を処理する半導体で、AI（人工知能）用の計算に適しています。そのため生成AIブームが追い風となり、同社の存在感と価値が急上昇。売上も株価もとどまることを知らず、2024年には時価総額がアップルを抜いて一時的に世界一に躍り出ました。同社の創業者で現在はCEOを務めるジェンスン・ファン氏は今や時の人です。

台湾のTSMCも負けていません。最先端の製造技術をもち、受託生産を専門とする企業としては売上シェアで世界一を誇ります。台湾のライバルである韓国のサムスン電子はスマホや家電のメーカーとして知られていますが、アジアを代表する半導体メーカーでもあり、その業績が韓国経済を左右するほどになっています。

ほかに、パソコンなどに搭載するCPU（Central Processing Unit＝中央演算処理装置）を製造しているアメリカの〝老舗（しにせ）〟のインテル、同じアメリカ勢で半導体の開発・設計を専門にしているクアルコムやブロードコムなども注目の企業として挙げられます。

今や世界経済を支える最重要物資になった半導体。その動きをつかむには、グローバルな視点でモノをみる目が必要になってくるのです。

PART 1

押さえておきたいホットトピック

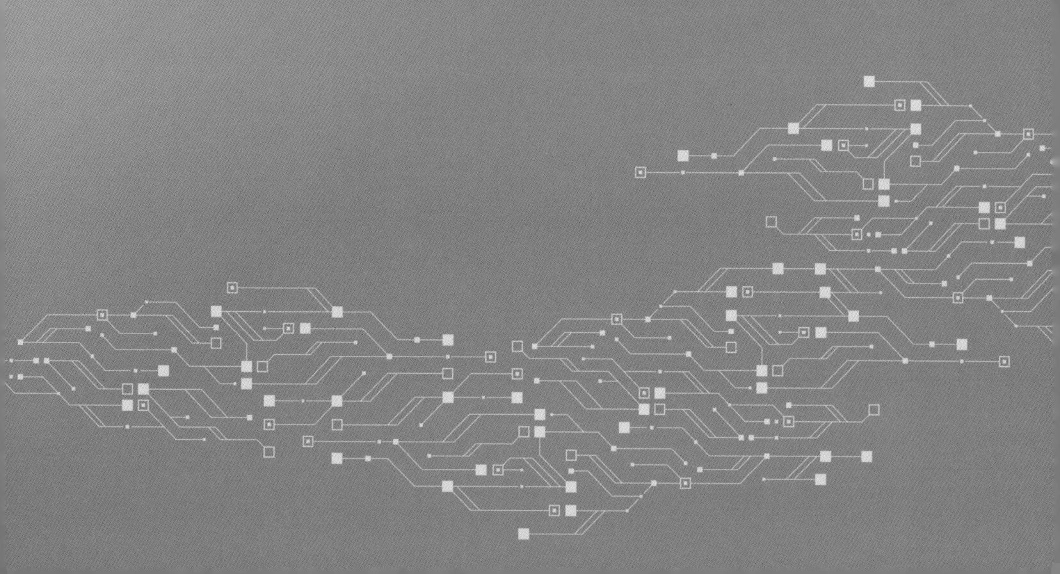

一目でわかる！ 半導体の歴史

1990年　2000年　2010年　2020年

1980年代後半
日本の半導体産業が黄金期を迎える（→P84）

1986年
日米半導体協定が締結される（→P104）

1991年
日米半導体協定が改訂される（→P104）

1992年
インテルが売上高で世界一になる（→P66）

1993年
日亜化学工業（日）の中村修二氏が青色発光ダイオードを開発する

1994年
半導体産業の収益が1000億ドルを突破する

1990年代中頃
日本の半導体産業が低迷しはじめる（→P84）

2000年
半導体産業の収益が2000億ドルを突破

2007年
アップル（米）がiPhoneを発売する

2010年
アップルが初の自社開発半導体を完成させる（→P28）

2015年
中国が中国製造2025を発表する（→P92）

2017年
キオクシア（日）が誕生する（→P70）

2018年
アメリカと中国の半導体戦争が激化（→P30）

2021年
TSMC（台）が熊本県菊陽町での工場建設を発表する

2022年
日本でラピダスが設立される（→P98）

2022年
OpenAI（米）が生成AI「ChatGPT」を公開する

2024年
生成AIブームのなかで半導体関連株が急騰する（→P22）

2024年
エヌビディア（米）が時価総額トップに立つ（→P24）

集積度
半導体デバイスの集積度が高まることにより、半導体の性能は向上し続けてきた

1950年　1960年　1970年　1980年

1947年
ベル研究所のバーディーン（写真左）らが点接触型トランジスタを発明（→P40）

AT&T

1948年
ショックレーが接合型トランジスタを発明する（→P40）

1952年
テキサス・インスツルメンツ（米）が半導体ビジネスを開始

1954年
テキサス・インスツルメンツがトランジスタラジオを開発する

1955年
東京通信工業（現ソニー）が日本初のトランジスタラジオを発売（→P84）

1957年
半導体産業の収益が1億ドルを突破する

1958年
テキサス・インスツルメンツのキルビーがICを発明する（→P58）

Texas Instruments

1964年
半導体産業の収益が10億ドルを突破する

1965年
「ムーアの法則」が発表される（→P58）

1967年
テキサス・インスツルメンツが電卓を開発する

1970年
インテル（米）がDRAMを開発する

1971年
インテルがマイクロプロセッサ「インテル4004」を発売（→P84）

Luca Detomi

1976年
日本で超LSI技術研究組合が発足する（→P84）

1977年
世界初のパーソナルコンピュータ「Apple II」が発売される

1979年
半導体産業の収益が100億ドルを突破する

1980年
東芝（日）がNOR型フラッシュメモリを開発する（→P70）

1983年
任天堂がファミリーコンピュータを発売

1987年
東芝がNAND型フラッシュメモリを開発する

Raimond Spekking

PART 1 ホットトピック

半導体に左右された日本の株式市場

半導体関連株の上昇が歴史的な株高の原動力となった

Point

- 日経平均株価は上昇傾向にある。
- 半導体関連株が株価を押し上げている。
- 半導体やAI関連の企業が時価総額ランキングの上位を占めている。

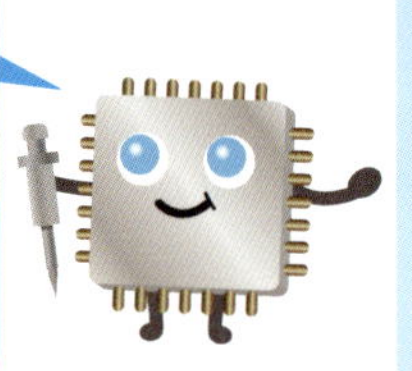

日経平均株価がバブル期を超えた

日本は1990年代初頭のバブル崩壊を機に経済停滞期に入り、「失われた30年」と呼ばれる不況にあえぎ続けました。しかし2010年代以降、回復傾向が見られ、東京株式市場の日経平均株価も上昇基調に乗りました。

そして2024年2月22日には1989年12月29日につけた終値3万8915円を34年ぶりに更新。さらに直後の3月4日には史上はじめて4万円台の大台を突破します。数字だけを見れば、日本経済が復活したかのようでした。

この歴史的な株価高騰の主な要因としては、円安による海外投資家の日本株への投資の増加や、新NISAによる個人投資家の流入、企業のコーポレートガバナンス改革などが挙げられます。それらとともに多大な影響を及ぼしたのが、半導体関連企業による株価の押し上げです。

半導体関連株に集まるマネー

世界でも半導体産業が株式市場を牽引しています。2022年11月末に生成AI（人工知能）のChatGPT（チャットジーピーティー）が公開されると、AIに必要な半導体の需要が急増。AI向け半導体を製造するエヌビディアなどの半導体関連株にマネーが集中し、アメリカの株式市場が活況を呈しました。そうしたアメリカ株の上昇に引っ張られる形で、日本株も上昇したのです。

半導体の影響の大きさは、時価総額ランキングからも明らかです。一時世界トップに立ったエヌビディアをはじめ、マイクロソフト、アップル、グーグル、アマゾン、メタ、テスラなど、半導体やAI関係の企業が上位を占めています。この勢いが衰えるきざしは、今のところ見えません。

半導体関連株が日経平均を押し上げた

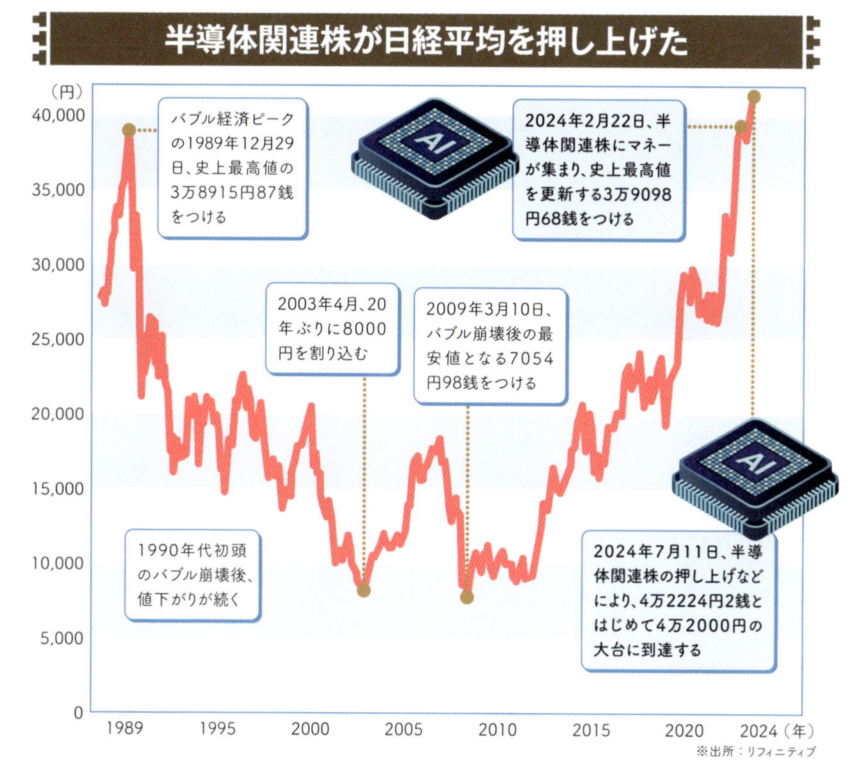

(円)
40,000
35,000
30,000
25,000
20,000
15,000
10,000
5,000
0
1989
1995
2000
2005
2010
2015
2020
2024 (年)
バブル経済ピークの1989年12月29日、史上最高値の3万8915円87銭をつける
2024年2月22日、半導体関連株にマネーが集まり、史上最高値を更新する3万9098円68銭をつける
2003年4月、20年ぶりに8000円を割り込む
2009年3月10日、バブル崩壊後の最安値となる7054円98銭をつける
1990年代初頭のバブル崩壊後、値下がりが続く
2024年7月11日、半導体関連株の押し上げなどにより、4万2224円2銭とはじめて4万2000円の大台に到達する
AI

※出所：リフィニティブ

世界の企業の時価総額ランキング(2024年1月9日時点)

上位にランクされるのは半導体やAI関連の企業が多い。
エヌビディアは2024年に一時トップに立った

順位	企業名	本社所在地	時価総額(億ドル)
1	アップル	アメリカ	28,860
2	マイクロソフト	アメリカ	27,848
3	サウジアラムコ	サウジアラビア	21,856
4	アルファベット(グーグル)	アメリカ	17,589
5	アマゾン	アメリカ	15,408
6	エヌビディア	アメリカ	12,906
7	メタ(フェイスブック)	アメリカ	9,217
8	バークシャー・ハサウェイ	アメリカ	8,009
9	テスラ	アメリカ	7,644
10	イーライリリー	アメリカ	5,943

アルファベットはグーグルを運営する持株会社。メタは旧フェイスブック。※出所：Wright Investors'/ Service' Inc.

PART 1 ホットトピック

半導体業界の新たな主役エヌビディア

時価総額で世界一となったエヌビディアは何がすごいのか？

Point

- エヌビディアが業界最大の注目株。
- 生成AIブームのなかで同社のGPUへの需要が高まった。
- 一時は時価総額が世界一になった。

最も話題になった半導体企業

2024年、世界の株式市場を牽引したのは半導体産業ですが、数多の半導体企業のなかで最も話題になったのがエヌビディアでした。

エヌビディアは1993年にアメリカ・カリフォルニア州のシリコンバレーで設立された半導体メーカー。GPU（Graphics Processing Unit＝画像処理装置）という半導体の設計に特化したファブレス企業（↓P48）です。

創業者は、同社のCEO（最高経営責任者）をつとめる台湾系アメリカ人のジェンスン・ファン（黄仁勲）氏です。ファンCEOは幼少期を台湾とタイで過ごし、9歳のときにアメリカへ移住。オレゴン州立大学やスタンフォード大学を経てLSIロジックやAMDといった半導体企業で設計者として勤めた後、30歳のときにエヌビディアを起業しました。現在は黒い革ジャンがトレードマークで、このスタイルがスティーブ・ジョブズ（元アップルCEO）の黒タートルネックと同じように業界の象徴的なイメージとなっています。

GPUが引っ張りだこに

エヌビディアはゲームや3Gグラフィック向けの画像処理を行うGPUを設計・販売して成長してきました。そして2024年、ChatGPTをはじめとする生成AIブームのなかで、エヌビディアのGPUが引っ張りだことなり、同社のGPUが世界シェアの約9割を占めたのです。

エヌビディアの最近の時価総額推移を見ると右肩上がりで伸びており、2024年6月18日には世界一になりました。他社もエヌビディアに牽引される形で業績を伸ばしています。エヌビディアは好調な半導体業界を象徴する存在なのです。

エヌビディアはこんな会社

ジェンスン・ファン

- 台湾生まれのアメリカ人
- 革ジャンがトレードマーク
- 少年時代にはデニーズのアルバイトで学費を稼ぐ
- 1993年、30歳でエヌビディアを設立
- テレビゲーム好きで、セガなどのゲーム機向けGPU開発で地位を固めた
- 経営資源を設計に集中させることで成功した

エヌビディア（NVIDIA）

- 創業：1993年
- 本社：アメリカ・カリフォルニア州サンタクララ
- CEO：ジェンスン・ファン（現CEO）
- 社名は「羨望」を意味するラテン語の「invidia」などに由来
- 画像処理を行う半導体であるGPUなどの開発・製造を行う
- 2024年、生成AIブームに乗り、GPUで世界シェアの約9割を掌握。一時は時価総額世界一の座に躍り出た

エヌビディアの時価総額の推移

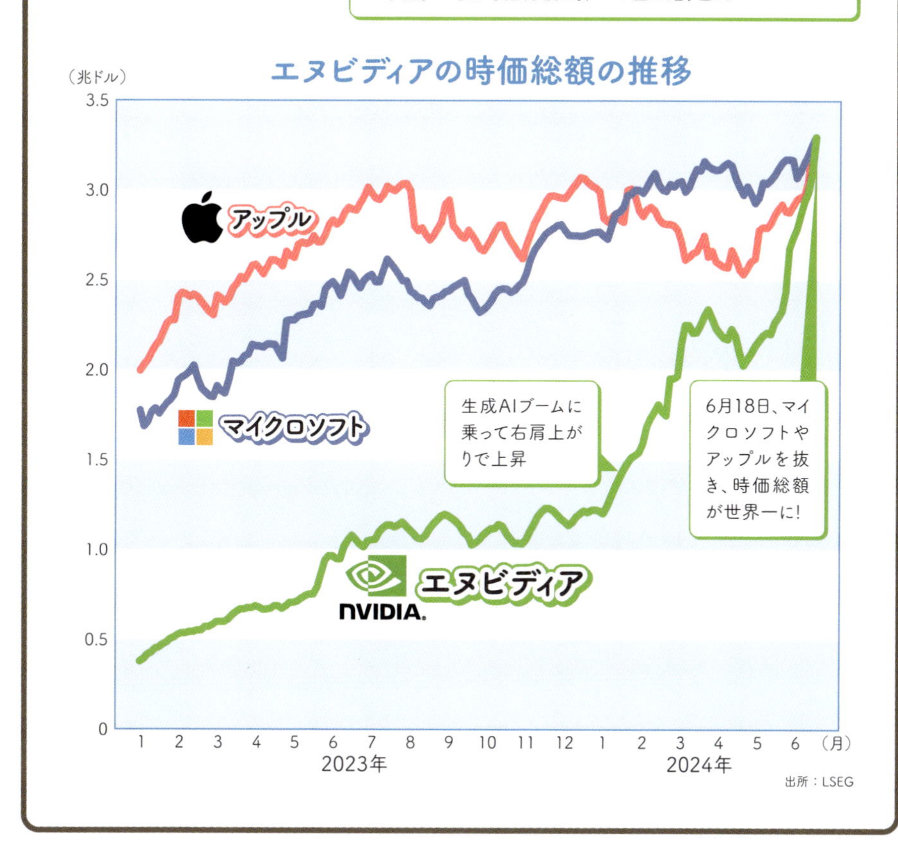

出所：LSEG

PART 1 ホットトピック

生成AIブームと半導体

ChatGPTの登場で脚光を浴びる生成AIは、半導体とどんな関係がある？

Point

- 生成AIの急速な発展はGPUのおかげである。
- GPUは膨大な量の情報を一度に処理できる。
- 2024年のノーベル賞はAI研究者が受賞した。

そもそも生成AIとはなにか？

ここ最近における半導体業界の動向を語るときに避けて通れないのがAIとの関係です。ChatGPTに代表される生成AIが発展し急速に普及したのは、画像処理を行う半導体であるGPUのおかげです。

生成AIブームのきっかけは、アメリカの非営利団体OpenAI（オープンエーアイ）が2022年11月に対話型AIのChatGPTを公開したことでした。

ChatGPTでは指令文を投げかけることによって調べものをしたり、文章をつくったり要約したり、言語の翻訳をしたり、データを分析したりできます。その利便性の高さから、公開5日後にはユーザーが100万人を超え、2ヶ月後には1億人を突破。X（エックス）（旧Twitter）が1億人を超えるまで約4年、Instagram（インスタグラム）が約2年半かかったことを考えると、ChatGPTの普及速度がいかにすさまじいかがわかります。

生成AIはChatGPTだけではありません。グーグルのGemini（ジェミニ）、Anthropic（アンソロピック）のClaude（クロード）などがあり、音声や映像など、さまざまなコンテンツを生成できるようになってきています。

生成AIは大量のデータから特徴やパターンを学習し、新しい情報をつくり出します。学習と生成の過程では大量の計算が必要になり、その計算にGPUが使われます。

GPUとCPUはどこが違う？

GPUとよく似た名前の半導体に、CPU（Central Processing Unit＝中央演算処理装置）があります。さまざまな命令を実行することができ、パソコンやスマートフォンなどの頭脳としてはたらく半導体です。

生成AIに不可欠なGPUとCPUの違い

GPU

- Graphics Processing Unit＝画像処理装置
- 画像処理をはじめとする膨大な情報量の処理を瞬時に行う

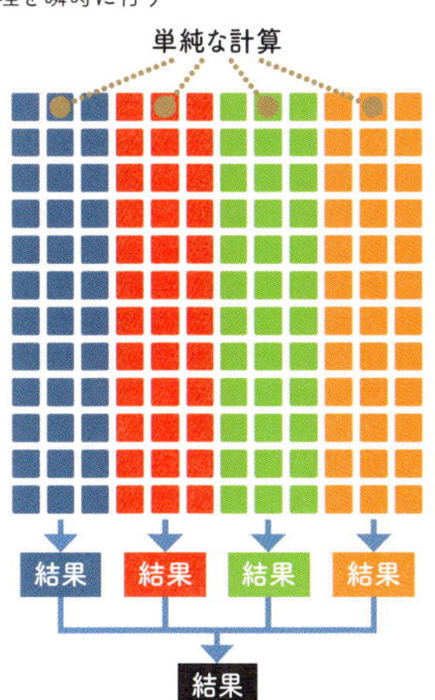

単純な計算を同時に処理する（行列処理）のが得意で、情報量が膨大であっても、スピーディーに処理できる

CPU

- Central Processing Unit＝中央演算処理装置
- パソコンやスマートフォンなどの頭脳として司令塔の役割を担う

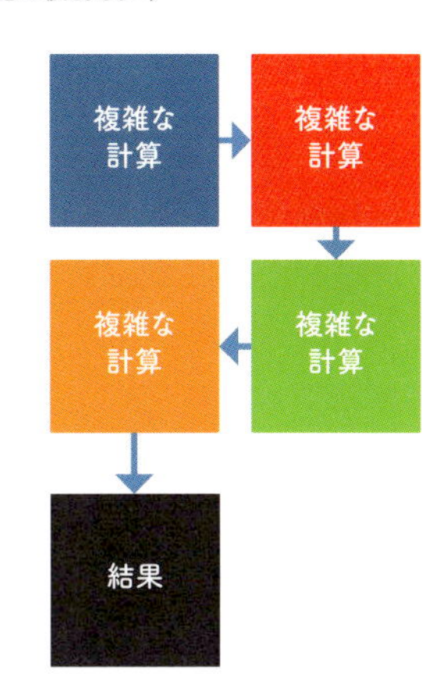

複雑な計算を順番に処理するのが得意だが、情報量が大きいと負荷がかかり、コンピュータ全体に影響を及ぼす

一方、ＧＰＵが得意としているのは並列処理で、同じような計算を高速で繰り返すことができます。とくに行列処理と呼ばれる計算能力が優れており、３Ｄグラフィックスの画像処理などを行う場合、ＣＰＵよりもずっと速く行うことができます。そうした理由により、ＡＩ向けの半導体としてはＧＰＵが重宝されているのです。

ＡＩ研究者がノーベル賞を受賞

２０２４年にはＡＩの機械学習を研究しているカナダのジェフリー・ヒントン氏とアメリカのジョン・ホップフィールド氏にノーベル物理学賞が授与されました。人間の脳のしくみを参考に機械学習の基礎的手法を開発したもので、これが画像や音声の認識技術の発展につながりました。

さらに同年のノーベル化学賞も、ＡＩを利用したタンパク質の計算による設計と構造予測の分野で実績を残したアメリカのデビッド・ベイカー氏らに授与されています。

このようにノーベル賞がＡＩ関係の研究者に与えられたことは、ＡＩの影響力の大きさを示す象徴的な出来事といえるでしょう。

PART 1
ホットトピック

アップルやグーグルも半導体を独自設計する時代

ビッグ・テックが外注ではなく自社で半導体をつくる理由とは？

Point

- ビッグ・テックを中心に独自に半導体を設計する企業が増えている。
- アップルは自社製半導体「M3」を2023年発売のMacBookに搭載した。
- 自社開発により安定供給を実現できる。

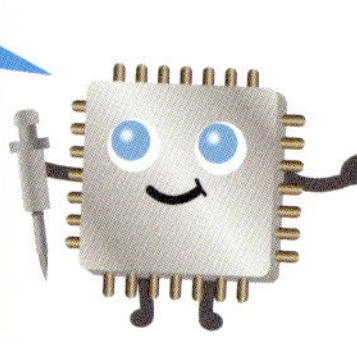

ビッグ・テックが半導体をつくる

アップル、アマゾン、グーグル、マイクロソフトといった巨大なＩＴ企業を「ビッグ・テック」といいます。近年、それらが自ら半導体をつくるようになってきました。半導体を独自に設計し、自社製品やサービスに利用しているのです。

アップルの場合、２０１０年に初の自社開発半導体を完成させ、iPhoneやiPadに搭載しました。２０２０年にはMac向けに開発した半導体を搭載し、それまで使っていたインテルの半導体からの切り替えを開始しています。そして２０２３年には、自社製半導体「Ｍ３」を搭載したMacBook Proとi Macを発表。３㎚（１㎜の１００万分の１）の微細化技術を採用したＭ３は、ひとつのチップに最大９２０億個ものトランジスタを搭載でき、画像処理の高速化などに高性能を発揮します。

アマゾン、グーグル、マイクロソフトも半導体開発を進め、商用サービスに活かしたり、データセンターで生成ＡＩを動かしたりしています。

こうした動きをみせているのはＩＴ企業だけではありません。通信業界や自動車業界でも独自に半導体を開発する大手企業が出てきています。

半導体の自社開発を推進する理由

最近は米中対立などによって半導体の供給不安が高まっていますが、自社で開発すれば外部の供給網への依存度を減らせるうえ、長期的にはコスト削減にもつながります。また独自の半導体を使用することで、他社製品と差別化を図ったり、市場での競争力を高めたりすることもできます。

今、多くの大手企業が半導体設計事業に投資を行い、独自の半導体開発に取り組んでいる背景には、このような事情があるのです。

独自の半導体を製造している主な企業

IT関係業界

アマゾン（アメリカ）
半導体「トレイニウム」を自社で設計し、エヌビディアに対抗

アップル（アメリカ）
2010年から自社で開発した半導体を、iPhoneやiPadに搭載

グーグル（アメリカ）
2015年にIT大手では先駆となる自社開発の半導体「TPU」を運用開始

バイドゥ（中国）
AI向けの独自半導体「KUNLUN（崑崙）」を開発

自動車業界

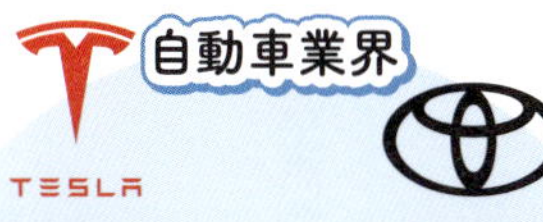

テスラ（アメリカ）
半導体不足に対応するため、エヌビディアのものから自社設計に切り替え

トヨタ（日本）
1980年代後半からパワー半導体の自社開発に取り組んできた

通信業界

ノキア（フィンランド）
脱炭素に向けて、ネットワークプロセッサチップを独自開発

シスコ（アメリカ）
スペイン・バルセロナに次世代半導体デバイスの設計センターを開設

アップルが開発した自社製の半導体

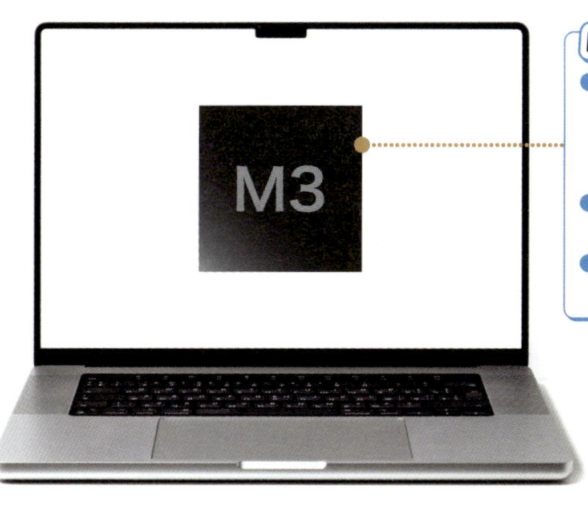

M3

- 3nmの微細化技術により、ひとつのチップに最大920億個ものトランジスタを搭載できる
- 多数のトランジスタが高速処理を可能にする
- 画像処理に強いGPUの性能がとくに向上した

PART 1 ホットトピック

アメリカと中国による半導体戦争①

終わらない輸出規制の応酬——半導体戦争は軍事覇権の争いだった！

Point

- アメリカと中国は半導体をめぐって対立してきた。
- 米中とも規制合戦を続けている。
- 半導体戦争の背景に軍事の主導権争いがある。

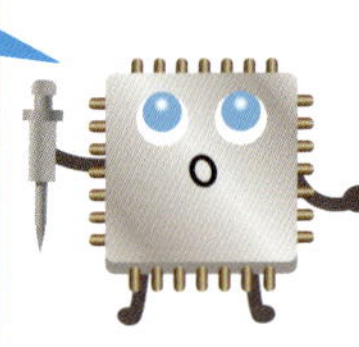

終わらない米中の規制合戦

世界の覇権を握るアメリカと新たな経済大国となった中国は、事あるごとに対立を繰り返しています。経済面では第一次トランプ政権時代から貿易摩擦が深刻化。その流れのなか、半導体をめぐる争いも勃発しました。いわゆる半導体戦争です。

2018年8月、アメリカは輸出管理改革法を制定し、中国などに重要な先端技術が流出しないようにしました。さらに10年代末から20年代初頭にかけて、中国の通信機器大手ファーウェイの関連企業への規制を強めたり、半導体企業SMICを取引制限リストに加えたりと、中国に対する締め付けを強化しました。中国も2018年7月にアメリカの半導体企業マイクロンへの中国国内販売禁止予備命令を出すなどしています。

その後、2022年にはアメリカが半導体製造装置や技術・人材の対中輸出を規制したのに加え、中国の半導体企業36社を取引制限リストに追加します。これに対して中国は、翌年8月に半導体材料として使用されるレアメタルの輸出を規制しました。こうしてアメリカと中国の半導体戦争は、激化の一途をたどっていったのです。

半導体は軍事バランスをも左右する

半導体は軍事用途にも欠かせません。近年、中国は軍事力の増強に力を入れており、ゆくゆくはアメリカから覇権を奪おうとしています。アメリカとしては、そうした状況を見過ごすわけにはいかず、中国が半導体を入手できないようにすることで軍事技術の進歩を阻もうとしているのです。

2024年11月、アメリカ大統領選でトランプ氏が再選されました。これによって米中間の対立がどうなるのか、注目されるところです。

米中による半導体戦争の経過

	中国	アメリカ
2018年7～8月	アメリカの半導体企業**マイクロンへの中国国内販売禁止予備命令**を出す	**輸出管理改革法**を制定。アメリカの先端技術分野における優位性を確保するため、輸出管理を強化した
2018年10月～2019年5月		中国の半導体企業**JHICC**や**ファーウェイを取引制限リスト**に追加
2020年5～8月		**ファーウェイ**関連企業への規制を強化する
2020年12月	**中国輸出管理法**を施行。安全保障に関わる製品などの輸出規制を強化する	中国の半導体企業**SMIC**を取引制限リストに追加する
2021年6月	**反外国制裁法**を施行。外国からの制裁に対する中国の対抗措置を定める	
2022年10月		**半導体製造装置**や**技術・人材**の対中輸出を規制。**日本とオランダにも追随するよう要請**する
2022年12月	WTO（世界貿易機関）に対し、アメリカの**対中輸出規制**を提訴	中国の半導体企業36社を**取引制限リスト**に追加する
2023年3月		日本とオランダが規制強化を発表する。日本の規制強化は7月から、オランダの規制強化は9月から施行
2023年5月	アメリカの半導体企業**マイクロン**に対し、**製品購入停止**措置をとる	
2023年8月	**半導体材料**として使用される**レアメタルの輸出を規制**する	
2024年3月	中国政府が購入するパソコンから**アメリカ製半導体を排除**	日本とオランダに対し、対中規制強化を要請する

PART 1 ホットトピック

アメリカと中国による半導体戦争②

“またトラ”が現実のものとなり、懸念される台湾有事

Point

- トランプ大統領が同盟国との関係を軽視し、従来の台湾政策を転換するかもしれない。
- 台湾有事が起これば、半導体のサプライチェーンが危機に陥り、世界経済は大打撃をこうむることになる。

トランプ復活がもたらす波紋

アメリカで第二次トランプ政権が発足したことで、半導体業界も影響を受けそうです。

トランプ大統領はアメリカ・ファーストを掲げ、「予算は外国の支援よりもアメリカ国内に使うべき」と主張する一方、自国の同盟国を「アメリカに依存している国々」と軽視するようなスタンスを示しています。これで懸念されるのが、アジアの半導体大国である台湾の安全保障問題です。

トランプは台湾が嫌い？

中国は台湾を自国の一部だと主張し、統一を目指しています。そんな中国の脅威に対抗するため、台湾はアメリカと連携し、アメリカからの軍事援助によって独立を保ってきました。しかし、アメリカは従来の台湾政策を転換する可能性がありま す。中国が台湾を取り囲むようにして軍事演習を繰り返しているにもかかわらず、トランプ大統領は台湾への関与を弱めるかもしれないのです。

台湾有事が起これば半導体のサプライチェーン（供給網＝原材料の調達から販売に至るまでの一連の流れ）は危機に陥りますが、トランプ大統領は台湾の半導体企業のアメリカ進出への助成に積極的ではありません。また「台湾はアメリカの半導体ビジネスを盗んだ」と非友好的な発言をし、関税引き上げまで示唆したともいわれています。

台湾の半導体企業の代表格であるTSMCが最先端半導体の9割を世界に供給していることや、AI開発に半導体が不可欠であることなどから、もし中国が台湾に侵攻するようなことがあれば、世界経済は大打撃をこうむります。

安定化が望まれる中台関係。その運命はアメリカのトランプ政権が握っているのです。

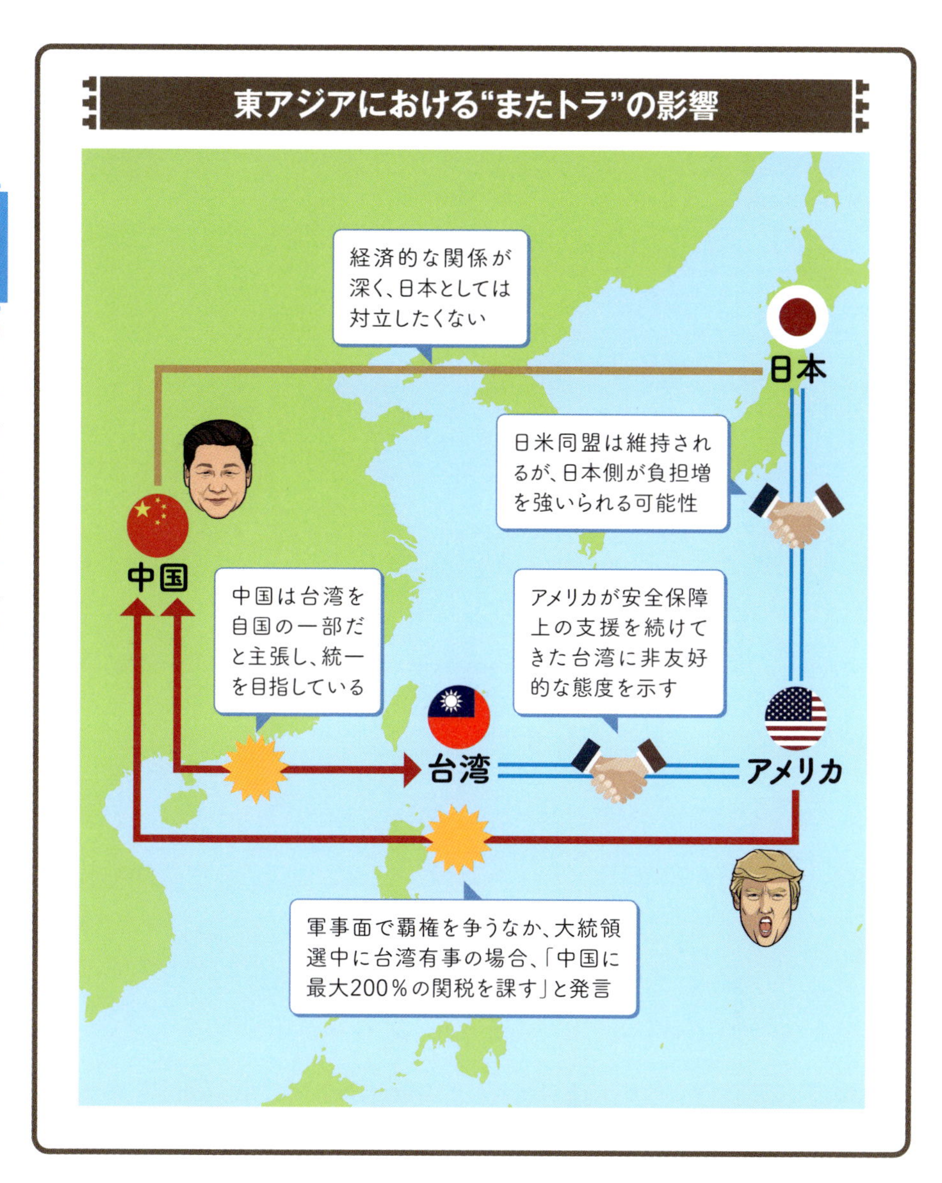

半導体こぼれ話　日本企業も”またトラ”に戦々恐々

トランプ政権は中国に対する輸出規制を強めると考えられています。その場合、中国だけでなく日本の半導体関連企業も打撃をこうむることになります。日本は半導体製造装置に強みをもち、中国への輸出も少なくありません。その輸出に規制がかかれば、日本企業も減益を免れません。中国が半導体産業の国産化を進めていることもあり、多くの日本企業が戦々恐々としています。

PART 1 ホットトピック

TSMCの日本進出

台湾ナンバーワンの半導体企業が日本にもたらしたインパクト

Point

- ファウンドリ企業としては世界一のTSMCが台湾から日本へ進出してきた。
- 九州・熊本の地の利がTSMCを引きつけた。
- TSMCは第一工場に続き、第二工場の建設も決定している。

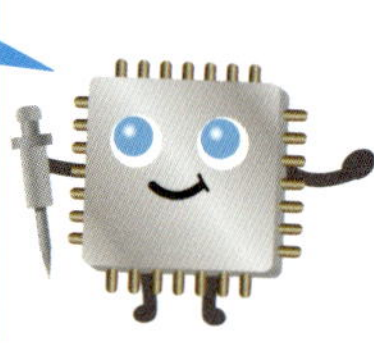

世界最大級の半導体メーカーが来日

2024年2月、半導体株の急騰を原動力として日経平均が値上がりしました（↓P22）。ちょうどその頃、九州・熊本でも未曽有の〝半導体ブーム〟が起こっていました。台湾の半導体メーカー、TSMCの工場が始動したのです。

TSMCは台湾北部の新竹に本社を置く世界最大級の半導体メーカー。正式名称はTaiwan Semiconductor Manufacturing Companyで、日本語では台湾積体電路製造（台積電）となります。1987年にモリス・チャン（張忠謀）氏によって創業されて以来、ファウンドリ（↓P50）という他社で設計した半導体を製造するビジネスを展開し続け、今では受託製造の市場で世界一のシェアを占めるまでに成長しました。

そんな半導体業界最注目企業のひとつであるTSMCが熊本県菊陽町に子会社JASM（Japan Advanced Semiconductor Manufacturing）を設立し、工場を建設することになったのです。

九州・熊本の地の利とは？

TSMCが日本に進出したのは、半導体製造を請け負っているアップルの最大のサプライヤーが日本企業だったからとされています。また九州に多くの半導体関連企業が集まっていることや、熊本に半導体製造に欠かせない水が豊富なことなどが工場建設の決め手になったといわれています。日本政府も多額の補助金を出して、TSMCの受け入れに尽力しました。

TSMCはすでに稼働している第一工場に加え、その隣接地に第二工場の建設も決定しています。日本としては、こうした動きが日本の半導体産業の復活につながることを期待しています。

TSMCの日本進出

半導体製造工場
半導体材料工場・半導体製造装置工場

福岡
三菱電機
ルネサス
エレクトロニクス
佐賀
SUMCO
ローム
大分
東芝
ソニー
長崎
SUMCO
ソニー
東京エレクトロン
ソニー
ルネサス
エレクトロニクス
TSMC
(JASM)

周辺に半導体関連企業が多く、半導体製造に欠かせないきれいな水が豊富なことが進出の決め手になったとされる

熊本

台湾の顔ともいえるTSMCが熊本県菊陽町に工場を建設

宮崎
ラピスセミコンダクタ
(ローム子会社)
SUMCO
鹿児島
ソニー
tsmc

参考：日本経済新聞

半導体こぼれ話　半導体バブルで悲鳴を上げる菊陽町

TSMCの工場ができた熊本県菊陽町では、「半導体バブル」に沸きました。地価が暴騰し、賃貸物件は家賃が上昇しているにもかかわらず、居住希望者が殺到して"奪い合い"の状態に。工場関連の仕事は時給2000円で求人を募集したりしています。町がはじまって以来の好景気ですが、人材不足なども深刻で、喜んでばかりもいられない状況です。

PART 1 ホットトピック

頓挫してしまったPSMCの日本進出

PSMCとSBIによる宮城県での工場建設が幻となったワケとは?

Point

- 台湾のファウンドリ企業であるPSMCが日本進出を企図し、宮城県に工場建設を決めた。
- 大衡村が建設予定地となり、期待が高まった。
- 2024年9月にPSMCの日本進出はキャンセルされ、工場建設も白紙になった。

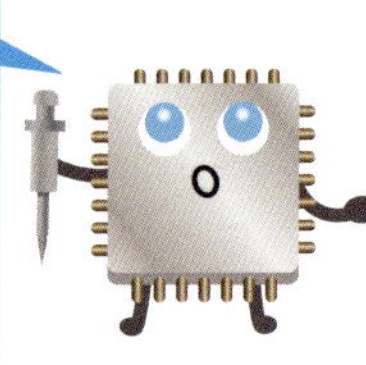

TSMCに続く日本進出

台湾の半導体メーカーといえば、ファウンドリ企業として世界一のTSMCが真っ先に思い浮かびますが、ほかにも世界的な有力企業が複数存在しています。そのひとつがPSMC（Powerchip Semiconductor Manufacturing Corporation＝力晶積成電子製造）です。

PSMCはTSMCと同じファウンドリ企業。メモリとロジックの両方を生産できる点が強みで、ファウンドリ市場では世界6位、台湾内に限れば3位と上位にランクされています。

そのPSMCが2023年に日本進出を発表しました。日本の金融持株会社であるSBIホールディングスと共同で、宮城県黒川郡大衡（おおひら）村の工業団地に半導体工場を建設するというのです。

総額約9000億もの投資によって28nm、40nm、55nmの半導体を月産4枚万、主に自動車向けに生産するとされ、地元の期待は高まりました。

突如白紙になった理由は?

ところが2024年9月、PSMCの日本進出はキャンセルされてしまいます。SBIがPSMCの要請にもとづき、共同事業を解消することになったと発表したのです。

その理由としてPSMCは、日本政府から補助金支給の条件として要求された長期操業の保証が、台湾の証券取引法に抵触する恐れがあるからなどと説明。また、台湾の4倍にのぼる工場建設コストの負担も大きかったといわれました。しかし実際には、PSMCの業績悪化やインド進出（→P102）などが要因とみられています。

SBI側は新たなパートナーを探すようですが、一筋縄ではいきそうにありません。

PSMCの日本進出計画

PSMCはSBIホールディングスとともに日本で工場建設を計画した

PART 1
ホットトピック

半導体サプライチェーンの変化

分業体制から自国生産へ——。変わりつつある世界の半導体産業

Point
- 米中対立などの影響で、半導体の供給網が変わってきた。
- かつての世界では、分業体制で半導体をつくっていた。
- 現在は自国内で完結させようとする動きが目立ってきている。

分業で半導体をつくっていた

台湾の半導体メーカー、TSMCは日本だけでなくアメリカにも進出し、同国政府から66億ドルの補助金を受けて、アリゾナ州フェニックスに工場を建設しています。これは世界の半導体業界の新たな潮流を象徴する動きといえます。近年、半導体のサプライチェーンが、大きく変化してきているのです。

従来、世界の半導体産業は分業体制で成り立っていました。たとえば、半導体の設計はアメリカ勢が行い、半導体そのものの製造は台湾勢が請け負うという図式です。各国で得意とする分野が異なり、分業を行っていたわけです。ちなみに日本勢は、半導体材料や半導体製造装置の製造を得意とし、分業体制の一翼を担ってきました。

ところが半導体の需要や価値が高まるなかで、

米中対立の激化や新型コロナウイルスの感染拡大の影響などによってサプライチェーンが分断の危機に陥り、世界的な半導体不足が発生します。そこで各国とも対策に動いた結果、新たなサプライチェーンが構築されることになったのです。

自国で半導体製造を完結させる

アメリカがとった対策は、自国内での半導体製造でした。つまり得意の設計に加えて、海外メーカーのアメリカ工場で製造までを行い、半導体製造を自国内で完結させようと考えたのです。

台湾や韓国のメーカーは従来どおり半導体製造を継続しながらも、海外から誘致を受けて工場建設を進めています。ヨーロッパも新工場の建設に積極的に取り組んでいます。

このように半導体のサプライチェーンは国際情勢の影響を受けて変化のときを迎えています。

半導体サプライチェーンの変化

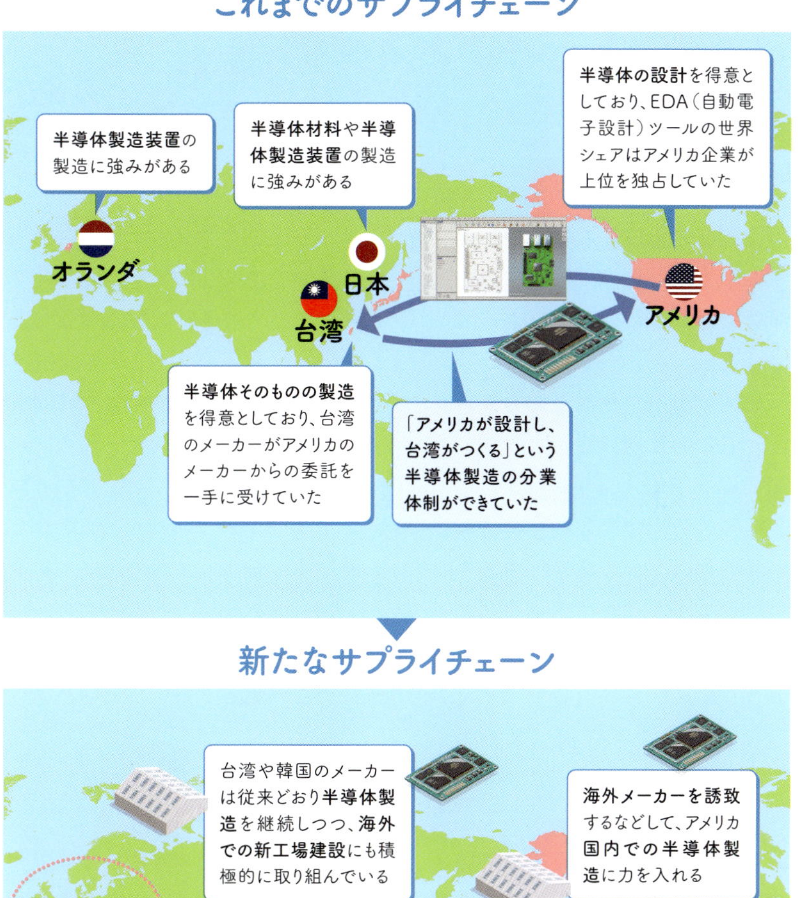

Column

半導体の歩み❶

トランジスタの誕生

半導体の原型は終戦後まもないアメリカで生み出された

現代社会を支える半導体。その歴史のはじまりとなるトランジスタが誕生したのは、第2次世界大戦後まもない頃のアメリカにおいてでした。

当時、電話の発明で知られるグラハム・ベルが設立したアメリカ電話電信会社（AT&T）では、全米に長距離電話通信網を建設していました。しかし電話で伝える音声信号は、ある程度の距離があると小さくなって聞こえなくなってしまうため、音声信号を大きくする増幅作用（→P110）を必要としていました。

それまでは真空管を使って増幅していましたが、真空管は寿命が短いうえに故障が多いといった弱点があり、改善が求められていました。

そうしたなか、AT&T傘下のベル研究所で、真空管に代わるモノの開発がはじめられたのです。

ベル研究所では、ウィリアム・ショックレーをリーダーに、ジョン・バーディーンとウォルター・ブラッテンを加えたチームによって研究が進められます。そして半導体材料であるゲルマニウムに電流の増幅作用があることを発見すると、1947年に点接触型トランジスタの試作に成功しました。

点接触型トランジスタはゲルマニウム上に2本の針を立てた簡易なつくりで、3つの電極で電流をコントロールすることによって増幅作用を起こしますが、動作の安定性に乏しく実用化には不向きでした。

しかしその後、ショックレーが点接触型トランジスタを改良し、より安定して動作する接合型トランジスタを発明。これが今日使用されるトランジスタ（半導体デバイス）の原型となったのです。

トランジスタを発明した功績によって、ショックレー、バーディーン、ブラッテンの3人は1956年にノーベル物理学賞を受賞しています。

PART 2

知られざる半導体業界

一目でわかる！ 半導体業界の勢力図

アメリカ勢

世界一の半導体大国。飛ぶ鳥を落とす勢いのエヌビディアはアメリカ企業。設計分野がとくに強い

- インテル 515億ドル
- エヌビディア 496億ドル
- クアルコム 309億ドル
- ブロードコム 299億ドル
- AMD 226億ドル
- マイクロン 167億ドル
- テキサス・インスツルメンツ 166億ドル
- アップル 165億ドル
- アナログ・デバイセズ 117億ドル
- マイクロチップ・テクノロジー
- オン・セミコンダクター
- グローバルファウンドリーズ
- ウエスタンデジタル
- グーグル
- アマゾン

半導体製造装置メーカー

半導体をつくるための装置を製造する

日本勢

半導体製造装置に関しては日本勢も強く、世界で大きな存在感を放っている

- 東京エレクトロン 164億ドル
- アドバンテスト 35億ドル
- SCREEN 27億ドル
- KOKUSAI ELECTRIC 22億ドル
- 日立ハイテク 21億ドル
- ディスコ 14億ドル
- ダイフク 14億ドル

アメリカ勢

AMATは半導体製造装置メーカーとしては世界屈指。ほぼすべての工程における製造装置をカバーしている

- AMAT 248億ドル
- ラムリサーチ 190億ドル
- KLA 104億ドル
- テラダイン

欧州勢

先端半導体の製造に必要な露光装置は、オランダのASMLが圧倒的なシェアを握っている

- ASML（オランダ） 213億ドル
- ASMインターナショナル（オランダ） 25億ドル

韓国勢

- SEMES
- Wonik IPS

中国勢

- NAURA
- AMEC

出所：TechInsights

半導体メーカー

半導体そのものをつくる。
半導体業界のメインプレーヤー

韓国勢

サムスン電子は韓国の半導体産業の顔。韓国経済浮沈のカギを握っている

- **サムスン電子** 509億ドル
- **SKハイニックス** 250億ドル
- **DBハイテック**

台湾勢

TSMCに代表される、受託生産に特化したファウンドリ企業が力をもっている

- **TSMC** 692億ドル
- **メディアテック** 138億ドル
- **UMC** 71億ドル
- **PSMC**
- **VIS**

欧州勢

インフィニオンやNXPは台湾のTSMCと先端半導体製造の合弁会社設立を計画

- **インフィニオン・テクノロジーズ（ドイツ）** 173億ドル
- **STマイクロエレクトロニクス（スイス）** 172億ドル
- **NXPセミコンダクターズ（オランダ）** 130億ドル
- **Arm（イギリス）**

中国勢

SMICは中国の半導体産業の核となっているファウンドリ企業。国内企業の多くが同社製品に頼っている

- **SMIC** 63億ドル
- **ハイシリコン**
- **フアホンセミコンダクター**
- **紫光集団**
- **YMTC**

日本勢

ソニーやキオクシアは日本が誇る半導体メーカーである

- **ソニーセミコンダクタソリューションズ** 109億ドル
- **ルネサスエレクトロニクス** 103億ドル
- **キオクシア** 67億ドル
- **日亜化学工業**
- **ローム**
- **三菱電機**
- **ソシオネクスト**
- **東芝**
- **富士電機**

半導体材料メーカー

半導体製造に必要な材料をつくる

アメリカ勢

- **ハネウェル**
- **ブラクスエア**
- **キャボット**

台湾勢

- **グローバルウェーハズ**

欧州勢

- **シルトロニック（ドイツ）**

日本勢

半導体製造装置同様、半導体材料についても日本勢が力を有する。多くの企業がそれぞれの強みをもっている

- **信越化学工業**
- **フジミ**
- **SUMCO**
- **JSR**
- **三菱ガス化学**
- **東京応化工業**
- **関東化学**
- **住友化学**
- **ステラケミファ**
- **富士フイルム**
- **森田化学工業**
- **レゾナック**
- **太陽日酸**

PART 2 業界構造

半導体業界を構成する企業たち

この業界では半導体メーカーを中心に、さまざまな企業が活躍している

Point

- 半導体業界は主に①半導体メーカー、②半導体製造装置メーカー、③半導体材料メーカーで構成されている。
- 設計に特化した企業や半導体を専門に扱う商社もある。

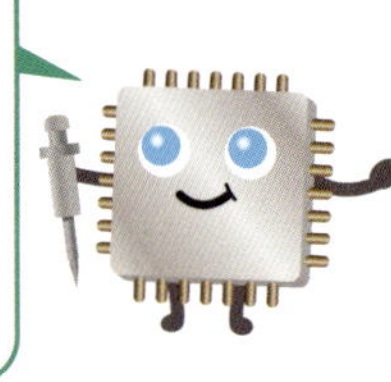

半導体業界は裾野が広い

半導体はさまざまな種類があり、あらゆる産業・業界で使われています。半導体なしに成立する分野は少数派といえるでしょう。

したがって半導体業界は、関連する企業が非常に多くて裾野の広いものになります。

半導体業界の中心に位置しているのは、半導体そのものを製造する半導体メーカー（→P46〜53）です。世界的に名の知れた半導体メーカーとしては、インテル、サムスン電子、エヌビディアなどが挙げられます。ただし自社で製造工程のすべてを完結させるメーカーもあれば、自社では工場をもたず開発と設計だけに特化したメーカーもあり、企業形態はいくつかに分かれています。

また、半導体製造に必要な材料をつくっているのが半導体材料メーカー（→P56）、半導体製造に用いる機械（装置）をつくっているのが半導体製造装置メーカー（→P54）です。

国や地域を超えるネットワーク

半導体業界を構成するプレーヤーはそれらだけにとどまりません。半導体の研究開発を専門にしている企業や、設計に必要なツールを提供する企業などもあります。

さらに完成品を顧客に販売する半導体商社の存在も見逃せません。半導体メーカーから製品を買い付けて顧客に販売するのが半導体商社の役割です。顧客がどんな半導体をどれくらい欲しているかをリサーチして半導体メーカーに伝えるなど、半導体製造のサポートもしています。

こうした多くの企業が国や地域を超えて連携をとり、サプライチェーンと呼ばれる半導体の供給網を形成しているのです。

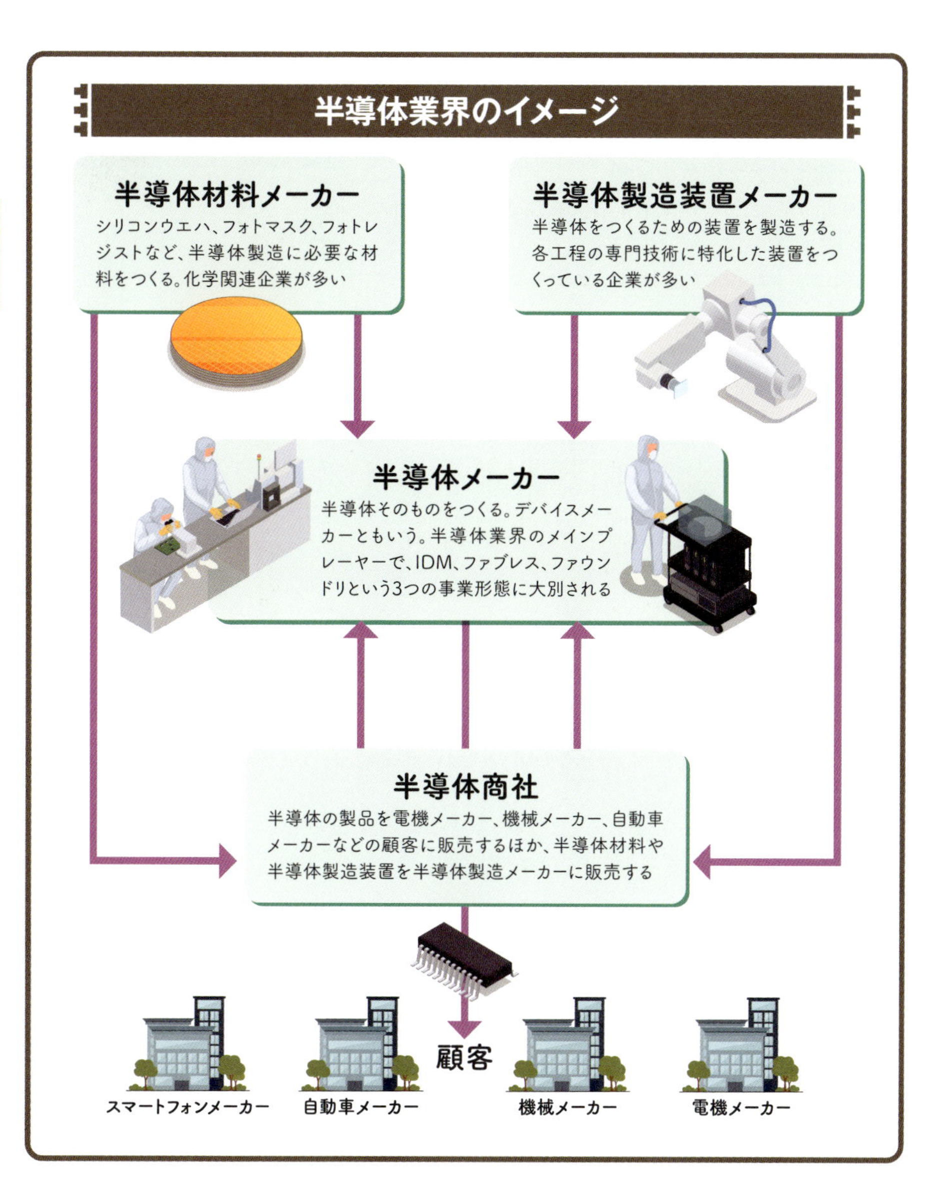

半導体こぼれ話 供給トラブルによる被害の大きさ

半導体の供給網で何かトラブルが起こった場合、その影響は甚大なものになります。たとえば半導体材料メーカーで工場トラブルが発生し、ある材料を出荷できなくなると、半導体製造メーカーが半導体をつくれなくなります。そして、その半導体を使って製品をつくる顧客のメーカーが機能停止に。一般的に、川下にあるメーカーほど、トラブルの影響が大きくなります。

PART 2 業界構造

半導体メーカーの事業形態①

IDM企業は企画から製造、販売までを一貫して自社で行う

Point

- 半導体製造のすべての工程を一貫して自社で行う企業形態を垂直統合型（IDM）という。
- IDM企業は大手企業が多い。
- インテルやサムスン電子、キオクシアなどがIDM企業として挙げられる。

単独でつくる垂直統合型

半導体業界の中核となっている半導体メーカー。アメリカのインテル、エヌビディア、韓国のサムスン電子、台湾のTSMCなど、世界各地に半導体メーカーが存在しますが、その多くはIDM（Integrated Device Manufacture）という企業形態をとっています。

IDMとは半導体の企画から開発・設計、製造、販売までを一貫して自社で行う垂直統合型の企業形態のこと。多くのエンジニア、工場、設備などを抱え、高い技術力、製造能力、広い販売網を誇ります。したがって、IDM企業は必然的に大企業となります。

IDM企業のメリットとしては、自社内で特許やノウハウを保持することができること、自社の工場で生産調整などの迅速な対応をとれること、特定のニーズを満たす独自技術の開発ができることなどがあります。

しかし、メリットがあればデメリットもあり、工場や製造装置への設備投資、既存工場の維持運用などに大きなコストがかかります。とくに設備投資の費用は年々増加の一途をたどっていて、近年では最先端プロセスに投資できる企業が限られてきています。

インテルやサムスン電子が代表格

IDM企業の代表格のひとつが、IC（↓P58）の発明者ロバート・ノイスらによって創業されたインテルです。最近の業績はあまりよくありませんが、1990年代から2010年代初頭にかけて長らく業界トップを走ってきました。同じアメリカ勢としては、マイクロンやウエスタンデジタルなども有力なIDM企業です。

IDMの強みと弱み

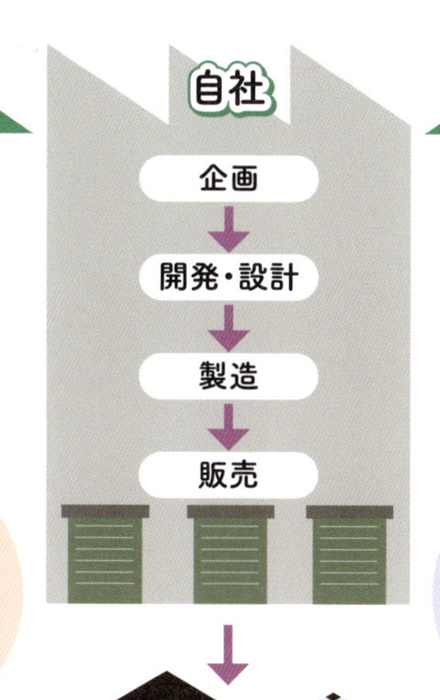

IDMの半導体メーカーは、企画から開発・設計、製造、販売までを一貫して自社で行う

高い技術力、製造能力、販売網が必要とされるため、IDMの企業形態をとる半導体メーカーは大企業が多くなる

強み

- 自社内で特許やノウハウを保持することができる
- 自社の工場で生産調整などの迅速な対応をとれる
- 特定のニーズを満たす独自技術の開発ができる

弱み

- 工場や製造装置などへの設備投資、既存工場の維持運用などに大きなコストがかかる。とくに設備投資の費用は年々増加の一途をたどっている

アジアのＩＤＭ企業では韓国のサムスン電子やＳＫハイニックス、そして日本のキオクシアが目立っています。いずれもＤＲＡＭ（ディーラム）やフラッシュメモリなどのメモリ製品を主力としています。

ほかにはイメージセンサで世界シェアトップを誇る日本のソニー、ＤＳＰ（Digital Signal Processor）やマイコンを製造しているアメリカのテキサス・インスツルメンツなどが知られています。今話題のエヌビディアやＴＳＭＣはＩＤＭ企業ではありません。

分業体制をとるケースもある

単独で半導体を製造する企業だけでなく、設計や製造を分業で行っている企業もあります。その企業形態は水平分業型といい、自社では製造工場をもたないファブレス企業（↓Ｐ48）と、他社から販売される半導体製品の製造を請け負うファウンドリ企業（↓Ｐ50）に分類されます。

これまで半導体業界はＩＤＭ企業を中心に垂直統合型で発展してきました。しかし近年は、開発速度を上げることができる水平分業型のビジネスモデルが主流となってきています。

PART 2 業界構造

半導体メーカーの事業形態②

自社では製造せず、マーケティングや開発・設計、販売に特化したファブレス企業

Point

- 半導体を分業で製造する水平分業型には、ファブレスとファウンドリがある。
- 自社で工場をもたず、開発・設計、販売に特化したタイプをファブレス企業という。
- エヌビディアはファブレス企業である。

自社では半導体をつくらない

今、最も有名な半導体メーカーはどこかといえば、やはりアメリカのエヌビディアではないでしょうか。2024年に時価総額で一時世界一になるなど、その急成長ぶりや株式市場での評価が日本でも盛んに報道されています。

それほどの企業ならば、半導体製造のすべてを自社で完結させるIDM企業であろうと思いきや、実はそうではありません。エヌビディアはファブレス企業なのです。

ファブレスとは、読んで字のごとくファブ（＝工場）をレス（＝もたない）という意味。工場を所有していないファブレス企業は、自社では半導体製造を行わず、マーケティングや開発・設計、自社ブランドでの販売に特化しています。つまり、水平分業型の企業形態のひとつです。

たとえば自社で設計を行ったら、その製造工程はファウンドリ企業（→P50）やOSAT（オーサット）（Out-sourced Semiconductor Assembly& Test）と呼ばれる企業に委託します。

ファブレス企業の強みと弱み

ファブレス企業であれば、そもそも工場がないので、製造設備への投資や維持管理をするコストが削減できます。

またIDMの大企業よりもスピーディーに経営を展開できるため、たとえ市場が変化したとしても対応しやすいというメリットも見逃せません。

ただし製造工程を外部に委託すると、条件次第でコストや納期などの決定権を委託先に握られてしまい、コントロールしにくくなるケースが見受けられます。委託先によっては品質が変わってしまうリスクもあります。

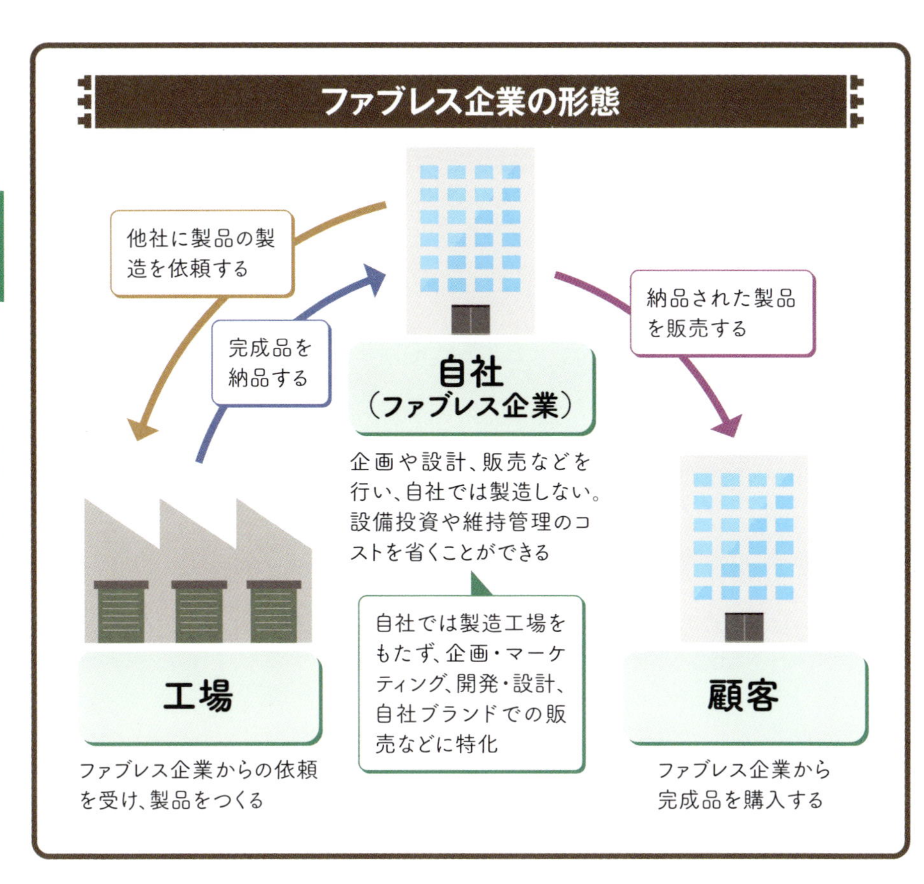

生成AIブームで盛況のエヌビディア

ファブレス企業の代表格であるエヌビディアは、もともとGPU（Graphics Processing Unit）という画像処理半導体のトップ企業として歩んできました。そのGPUが生成AI（人工知能）に使われると、生成AIブームの波に乗り、一気に躍進したのです。同じアメリカのAMDも、AI用の半導体を中心に製造しています。

クアルコムはモバイル通信技術の開発などを行うファブレス企業で、スマートフォンを動かすスナップドラゴンというチップがよく知られています。クアルコムによるスナップドラゴンの製造は、台湾のTSMCと韓国のサムスン電子がほとんどを請け負っています。

そのほか、iPhoneやMacBookをつくっているアップルもファブレス企業とみなされます。アップルは半導体の専業メーカーではありませんが、自社製品に使用するための半導体を自ら設計し、ファウンドリ企業に製造委託を行っています。その意味で、アマゾンやグーグルも同じくファブレス企業となります。

半導体メーカーの事業形態③

ファブレス企業などからの受託製造に特化しているファウンドリ企業

Point

- ファウンドリはファブレスと同じ水平分業型の企業形態のひとつ。
- ファウンドリ企業はファブレス企業などから半導体の製造を請け負う。
- TSMCがファウンドリ企業の代表格である。

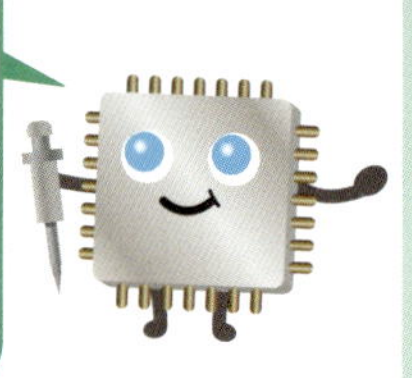

TSMCはファウンドリ企業

熊本県菊陽町に工場を建設し、大きな話題を呼んでいる台湾のTSMC。2024年2月には工場が稼働しはじめ、町全体が半導体特需に沸いています。このTSMCに代表される企業形態をファウンドリといいます。

ファウンドリとは、ファブレスと同じ水平分業型の企業形態のひとつ。ファウンドリ企業は基本的に自社ブランドでの製造をいっさい行わず、顧客であるファブレス企業などからの受託製造に特化しています。

インテルのCPU、サムスン電子やキオクシアのメモリは見たことがあっても、TSMCの製品を見たことがない人が多いのは、そうした理由によります。ファウンドリという企業形態上、TSMCの会社名は表に出にくいのです。

ファウンドリ企業の強みと弱み

ファウンドリ企業は、多くの顧客から製造委託を受けます。そうすることによって個別に生産量が上下したとしても、全体としては安定した生産量を確保できるようになります。

またファウンドリ企業は、半導体製造において回路の形成や微細加工といった物理的な作業を行う前工程を主として受託します。前工程に特化することによって、生産技術と生産設備に絞って投資できるメリットを享受しているのです。ちなみに、前工程でつくられたチップを基板上に組付けたり、検査を行ったりする後工程を専門に受託するのは、OSATです。

もちろん、ファウンドリ企業も完全無欠ではなく弱みがあります。それは資金の問題です。

近年、最先端プロセス品を製造するための技術

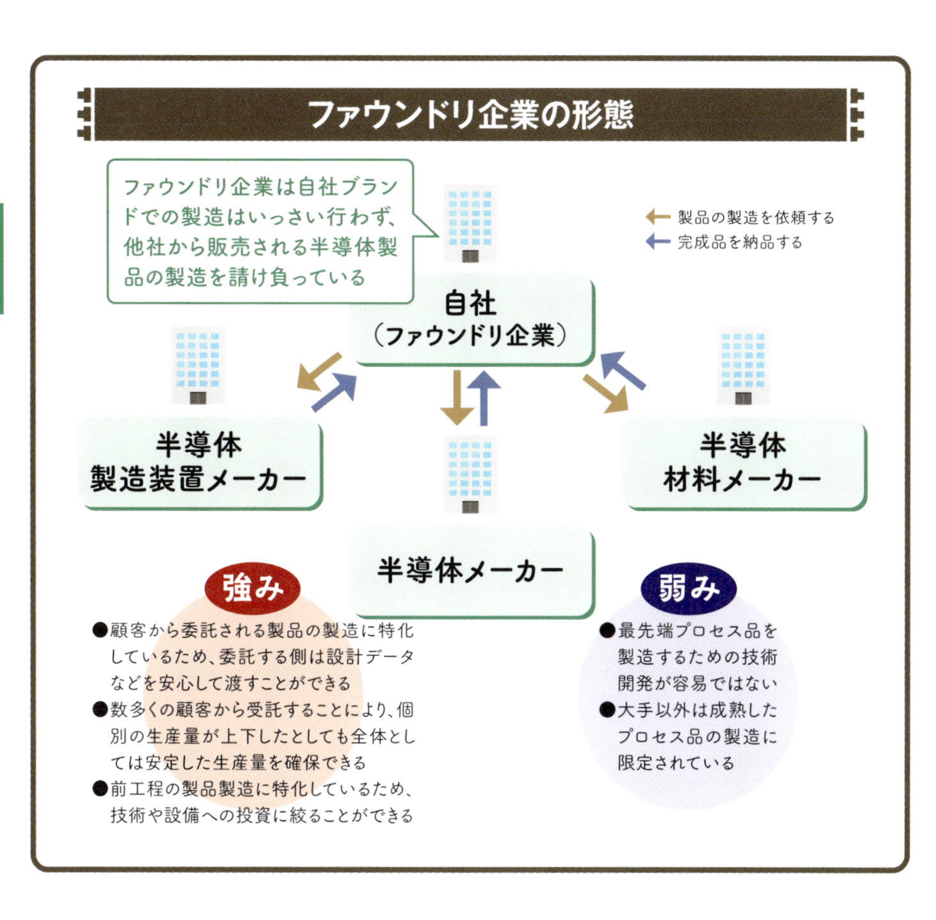

開発は熾烈を極めており、十分な投資が可能なのはTSMC、インテル、サムスン電子くらいしかありません。それ以外の企業は最先端プロセスへの投資は諦めざるを得ず、成熟したプロセス品のみを製造しているのが現状です。

サムスン電子のファウンドリビジネス

ファウンドリ企業の代表格であるTSMCは、世界のファウンドリ市場でおよそ6割のシェアを占める圧倒的な存在です。各国の半導体メーカーと取り引きしているため、台湾で何かが起これば世界中が半導体不足に陥ることになります。

TSMCに次ぐシェアを確保しているのが韓国のサムスン電子。サムスン電子はIDM企業ですが、ファウンドリビジネスもひとつの事業として行っています。

AMDの製造部門が分離独立したアメリカのグローバルファウンドリーズも、有力なファウンドリ企業。2023年にはGM（ゼネラルモーターズ）と自動車用半導体チップの長期供給契約を締結しました。

世界最強はどこ？ 半導体メーカーランキング

半導体業界の中核を担う半導体メーカーの売上高トップは台湾のファウンドリ企業

Point

- 半導体メーカー世界一は台湾のＴＳＭＣ、２位はアメリカのインテル、3位は韓国のサムスン電子である。
- 4位のエヌビディアも大きく躍進。2024年には時価総額で一時的に世界一となった。

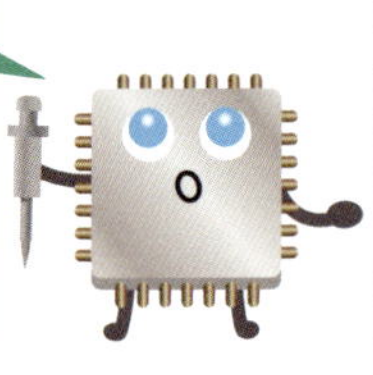

飛ぶ鳥を落とす勢いのTSMC

半導体業界の中核となっている半導体メーカー。その力関係を各社の売上高をもとに見ていきましょう。

TechInsightsによる2023年のランキングによると、世界一の座に位置するのは日本進出でも話題になった台湾のファウンドリ企業ＴＳＭＣです。世界各国のファブレス企業などから受注が殺到し、692億ドルを稼ぎ出しました。

ＴＳＭＣに続く2位は半導体業界の巨人として長く君臨してきたアメリカのインテル、3位はアジアを代表する半導体メーカーである韓国のサムスン電子です。インテルとサムスン電子の差はわずかですが、ＴＳＭＣとは200億ドル近くの開きがあり、現在の半導体業界におけるＴＳＭＣの存在の大きさが理解できます。

成長著しいエヌビディア

上位の3社に次いで4位にランクインしたのはアメリカのエヌビディアです。生成AIブームのなかで躍進している同社は、データセンターで使う非常に高額なAI向け半導体を売りまくり、四半期ごとに売上高を右肩上がりに伸ばしています。その結果、上位勢が軒並み前年比マイナスとなっているにもかかわらず、エヌビディアだけ10２％増と脅威的な伸びを示しました。

トップ10には欧州勢からドイツのインフィニオンが9位、スイスのSTマイクロエレクトロニクスが10位に入っています。

日本勢はどうかというと、最初に顔を出すのが17位のソニー（ソニーセミコンダクタソリューションズ）です。次いで18位にルネサスエレクトロニクス、23位にキオクシアが入ってきます。

半導体メーカーの売上ランキング（2023年）

順位	企業名	本社所在地	売上高	（前年比）
1	TSMC	台湾	692億ドル	（-9%）
2	インテル	アメリカ	515億ドル	（-14%）
3	サムスン電子	韓国	509億ドル	（-34%）
4	エヌビディア	アメリカ	496億ドル	（102%）
5	クアルコム	アメリカ	309億ドル	（-16%）
6	ブロードコム	アメリカ	299億ドル	（12%）
7	SKハイニックス	韓国	250億ドル	（-28%）
8	AMD	アメリカ	226億ドル	（-4%）
9	インフィニオン・テクノロジーズ	ドイツ	173億ドル	（10%）
10	STマイクロエレクトロニクス	スイス	172億ドル	（7%）
11	マイクロン	アメリカ	167億ドル	（-35%）
12	テキサス・インスツルメンツ	アメリカ	166億ドル	（-12%）
13	アップル	アメリカ	165億ドル	（-7%）
14	メディアテック	台湾	138億ドル	（-25%）
15	NXPセミコンダクターズ	オランダ	130億ドル	（1%）
16	アナログ・デバイセズ	アメリカ	117億ドル	（-5%）
17	ソニーセミコンダクタソリューションズ	日本	109億ドル	（12%）
18	ルネサスエレクトロニクス	日本	103億ドル	（-8%）
19	マイクロチップ・テクノロジー	アメリカ	84億ドル	（7%）
20	オン・セミコンダクター	アメリカ	82億ドル	（-1%）
21	グローバルファウンドリーズ	アメリカ	73億ドル	（-9%）
22	UMC	台湾	71億ドル	（-24%）
23	キオクシア	日本	67億ドル	（-37%）
24	SMIC	中国	63億ドル	（-13%）
25	ウエスタンデジタル/サンディスク	アメリカ	59億ドル	（-26%）

出所：TechInsights' McClean Report

PART 2 業界構造

半導体製造装置メーカー

半導体装置をつくる半導体製造装置メーカーは日本勢も強い！

Point

- 半導体製造装置メーカーは半導体の製造装置をつくる。
- アメリカのAMATやオランダのASMLなどがとくに有名である。
- 半導体製造装置は日本勢が強い分野である。

半導体をつくる装置をつくる

半導体メーカーが半導体をつくるためには、製造装置を所有しなければなりません。その製造装置をつくっているのが、半導体製造装置メーカーです。BtoB企業なので世間的に名の知れたメーカーは少ないですが、業界に不可欠な存在です。

世界最大の半導体製造装置メーカーはアメリカのAMAT（アプライドマテリアルズ）です。同社は半導体製造工程のほぼすべてにおける製造装置をカバーしており、シリコンウエハの表面に薄い膜を形成する際に使うCVDやスパッタ、表面を研磨する際に使うCMPなど、多くの製造装置でトップシェアを誇っています。

オランダのASMLは、ウエハに光を照射することで回路パターンを描く際に使う露光装置で世界をリード。とりわけ最先端プロセスに必要なEUV露光装置は同社でしか製造できず、世界シェア100%という独占状態になっています。

なお、このEUV露光装置は1台あたりの価格が数百億円で、ほかの製造装置も数億〜数十億円と非常に高額です。それだけの投資が可能な企業しか最先端プロセス品の製造はできないのです。

国内メーカーも存在感を放つ

国内メーカーも負けていません。東京エレクトロンは感光剤の塗布と現像を行うコータ・ディベロッパ装置で8割以上のシェアを有します。

電気特性検査で使うテスタをつくるアドバンテスト、ウエハを洗う洗浄装置に強いSCREEN（スクリーン）、成膜装置や熱処理炉に強いKOKUSAI ELECTRIC、ウエハを切るダイシング装置のディスコなども活躍をみせています。半導体製造装置は日本勢が強い分野なのです。

半導体製造装置の世界シェア（2021年）

半導体製造装置の分野ではアメリカ、オランダ、日本の企業がシェアの多くを占めている

オランダ　日本　アメリカ　韓国　その他

露光装置（18084億円）
- ASML 92.8%
- キヤノン 4.6%
- ニコン 2.6%

露光装置で圧倒的な強さを誇る。とくにEUV露光装置はASMLの専売特許

コータ・ディベロッパ装置（3790億円）
- 東京エレクトロン 84.1%
- SCREEN 3.4%
- 12.5%

日本を代表する半導体製造装置メーカー

CVD（17198億円）
- AMAT 35.8%
- ラムリサーチ 17.2%
- 東京エレクトロン 14.0%
- ASM 11.1%
- KOKUSAI ELECTRIC 8.3%
- 13.5%

世界最大の半導体製造装置メーカー。ほぼすべての工程における製造装置をカバーしている

スパッタ（3767億円）
- AMAT 86.5%
- アルバック 9.8%
- 3.7%

エッチング装置（21038億円）
- ラムリサーチ 37.7%
- 東京エレクトロン 25.3%
- AMAT 23.5%
- 日立ハイテク 5.7%
- 7.7%

枚葉式洗浄装置（6105億円）
- SCREEN 34.7%
- SEMES 24.4%
- 東京エレクトロン 22.0%
- ラムリサーチ 12.6%
- 6.3%

CMP（2800億円）
- AMAT 52.6%
- 荏原製作所 37.0%
- KC 4.9%
- 5.5%

熱処理装置（2134億円）
- AMAT 40.7%
- 東京エレクトロン 23.2%
- KOKUSAI ELECTRIC 19.8%
- 16.2%

イオン注入装置（1762億円）
- Axcelis 39.6%
- AMAT 34.7%
- 住友重機械 17.7%
- 8.1%

出所：「半導体・デジタル産業戦略」経済産業省より。
グローバルネット（株）「世界半導体製造装置・試験／検査装置市場年鑑2022」をもとに作成したもの

半導体材料メーカー

ウエハとなるシリコンから薬剤まで、半導体材料メーカーは半導体の材料をつくる

Point

- 半導体材料メーカーは半導体製造で使用する材料を提供する。
- シリコンウエハや薬剤など、さまざまなものがある。
- 半導体材料も日本勢が強い。

シリコンウエハは日本企業の独壇場

半導体の材料を提供するのが半導体材料メーカーです。化学系のメーカーが多い点や、日本勢が強い点が大きな特徴です。

半導体の土台となるシリコンウエハは、ケイ石として存在しているシリコンを「イレブンナイン(99.999999999%)」と呼ばれる超高純度にしてつくります。

このウエハ製造において世界シェアの1位と2位を占めているのは、日本の信越化学工業とSUMCOです。台湾のグローバルウェーハズ、ドイツのシルトロニック、韓国のSKシルトロンなども有力ですが、上位2社で市場の過半数を占めています。TSMCやサムスン電子も、こうしたメーカーからウエハを調達しています。

シリコンウエハ以外の材料に関しても、日本企業勢が存在感を発揮しています。

高度な技術や高純度が得意な日本企業

たとえば感光材のフォトレジストはJSR、東京応化工業、信越化学工業、住友化学、富士フイルムの5社で市場の約9割を占有。平坦化する際に使うスラリーではフジミインコーポレーテッド、レゾナック、富士フイルムが、配線工程で使うスパッタリングターゲットではJX金属や東ソーがといった具合に、日本勢の活躍が見られます。

洗浄やウェットエッチングに使用される過酸化水素水やアンモニア水、塩酸や硝酸、フッ酸などの薬液も超高純度が必要とされ、日本の三菱ガス化学や三菱ケミカル、関東化学やステラケミファに森田化学工業などが主な供給元となっています。

高度な技術や高純度が必要とされる分野では、日本勢が強みを出せるのです。

主な半導体材料と主要メーカー

半導体材料に関しては半導体製造装置と同じく、日本の企業がシェアの多くを占めている

設計 → シリコンウエハ製造 → 前工程（デバイス形成 → 検査） → 後工程（組付け → 検査）

シリコンウエハ

シリコンを超高純度にした単結晶基板。超高純度を実現可能なメーカーは世界でも限られている

有力メーカー
- 信越化学工業（日本）
- SUMCO（日本）
- グローバルウェーハズ（台湾）

フォトマスク

レイアウトをもとにつくられる設計図

有力メーカー
- 凸版印刷（テクセンドフォトマスク）（日本）
- 大日本印刷（DNP）（日本）

フォトレジスト

回路パターンを転写する工程で使用する感光性樹脂

有力メーカー
- JSR（日本）
- 東京応化工業（日本）
- 信越化学工業（日本）

スパッタリングターゲット

ウエハ上に薄い膜をつくる工程で使用する

有力メーカー
- JX金属（日本）
- 東ソー（日本）
- ハネウェル（アメリカ）

薬液

不要や部分を削り取るエッチングや洗浄の際に使用する

有力メーカー
- 森田化学工業（日本）
- ステラケミファ（日本）

スラリー

ウエハの表面を研磨して平らにする工程で使用する

有力メーカー
- キャボット（アメリカ）
- 富士フィルム（日本）
- フジミインコーポレーテッド（日本）

ガス

エッチングの際に使用する

有力メーカー
- レゾナック（日本）
- 太陽日酸（日本）
- ADEKA（日本）

リードフレーム

チップを固定するために使う

有力メーカー
- 三井ハイテック（日本）

モールド樹脂

チップを外気から遮断・保護する

有力メーカー
- 住友ベークライト（日本）

セラミックパッケージ

チップを覆って保護する

有力メーカー
- 京セラ（日本）
- イビデン（日本）

基板

チップを搭載する

有力メーカー
- イビデン（日本）
- 新光電気工業（日本）

Column

半導体の歩み❷

ICの登場で革命が起こる

集積回路が半導体を大きく進化させた

トランジスタの誕生は画期的な出来事であり、それ以降、徐々に応用が進んでいきました。半導体産業も順調に成長するなか、1958年にトランジスタに勝るとも劣らない偉大な発明がなされます。アメリカのテキサス・インスツルメンツに勤めるジャック・キルビーがIC（Integrated Circuit）を発明したのです。

ICは「集積回路」という日本語訳からもわかるように、ひとつの基板（チップ）上にトランジスタや抵抗、キャパシタといった多くの部品を配置することができます。トランジスタなどをひとつにまとめたものがICである、ともいえるでしょう。

このICを用いることによって、小型化・軽量化できるため、さまざまな電気製品で使われるようになりました。こうしてIC時代が到来したのです。

ちなみに、のちにインテルを創業するロバート・ノイスもキルビーと同時期にICを着想していました。そのため、ICの発明者については論争や裁判にまでなりましたが、結局はキルビーとノイスの2人と認定されました。2000年には生存中だったキルビーに対して、ノーベル物理学賞が授与されています。

その後、ICはどんどん技術開発が進み、微細化・高集積化していきます。つまり、より小さく、より多くをチップ上に搭載できるようになっていったわけです。

1965年にはノイスとともにインテルを創業したゴードン・ムーアが「半導体の集積度（＝性能）は18ヶ月で2倍になる」というムーアの法則を提唱しました（10年後に「2年ごとに倍になる」と修正）。

この法則が指針となって、技術がますます進歩していきます。限界説も何度も唱えられましたが、そのたびに新たな技術開発が進み、限界を突破してきたのです。

熊はどこにいるの

木村紅美

大丈夫、襲わないから逃げないで——。〈下界〉の暴力から逃れ女だけが暮らす家にやってきた捨て子は男だった。

▼一九八〇円

水曜生まれの子

イーユン・リー　篠森ゆりこ訳

表題作ほか十一の短編を収録。喪失、孤独、秘密、愛情……深みのあるテーマを扱い、率直ゆえの辛辣さのなかにユーモアを感じる。

▼二六九五円

影犬は時間の約束を破らない

パク・ソルメ　斎藤真理子訳

「二月一日、一日め。冬眠を開始した。」ソウル、釜山、温湯、沖縄、旭川。約一か月の眠りにつく〈冬眠者〉と〈ガイド〉の物語。

▼二六四〇円

きみはメタルギアソリッドV：ファントムペインをプレイする

〈メタルギアソリッドV〉をプレイしながら父の戦争の記憶にわけいる短編ほか、アフガニスタン系移民作家が切り拓く米文学の新地平。

PART 3

いま注目されている半導体メーカー

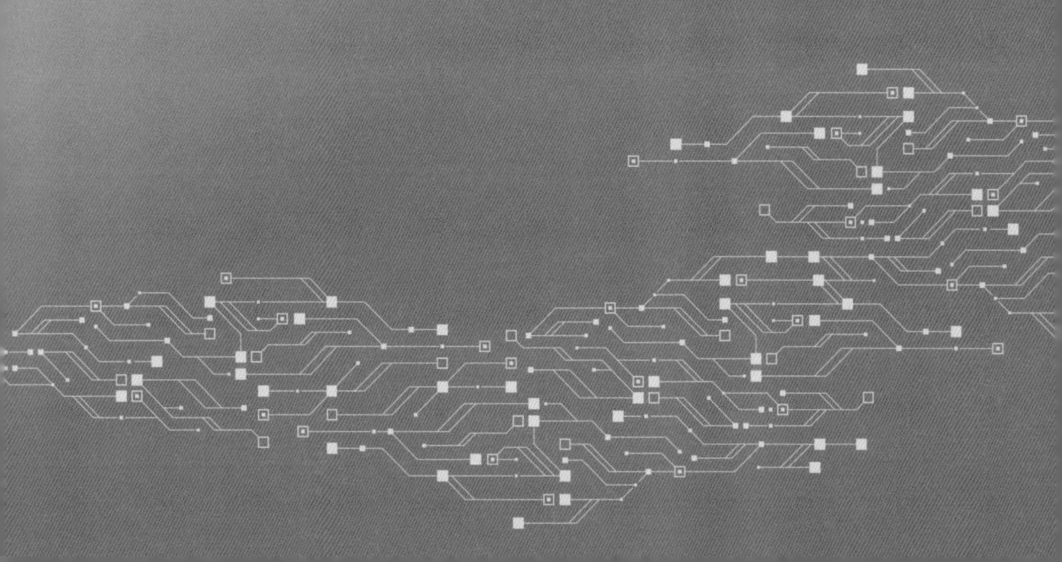

一目でわかる! 半導体企業の得意分野

半導体製造装置

半導体をつくるためにはいくつもの製造装置が必要で、アメリカやオランダ、そして日本が多くのシェアを握っている

露光装置

ウエハに回路パターンを描く際に使う装置。ASML が独占的な地位にある

- ASML
- キヤノン

成膜・エッチング装置

AMAT は成膜装置数種類で長くトップの座を維持している

- AMAT

エッチング装置

腐食作用によってウエハ上の薄膜を加工するエッチング装置は日米勢が強い

- ラムリサーチ
- 日立ハイテク

塗布・現像装置

ウエハ上に感光剤を塗布・現像する装置。東京エレクトロンがほぼ独占

- 東京エレクトロン

洗浄装置

SCREEN はウエハを 1 枚ずつ洗浄する枚葉式洗浄装置で世界一

- SCREEN

ダイシング装置

ウエハ上に形成されたチップを切り離す。ディスコが強い

- ディスコ

半導体材料

半導体製造に使う材料（素材）は日本勢が非常に強く、世界をリードしている

シリコンウエハ

信越化学工業と SUMCO でシェアの過半数を占めている

- 信越化学工業
- SUMCO
- グローバルウェーハズ

フォトレジスト

光に反応して変化する薬剤。日本の化学 5 社がシェアの約 9 割を握る

- JSR
- 東京応化工業
- 信越化学工業

スラリー

ウエハの表面を平坦化する研磨剤。キャボットや日本勢が強い

- キャボット
- フジミインコーポレーテッド
- レゾナック

スパッタリングターゲット

薄膜を形成する際に使う材料。シェアの 6 割を占める JX 金属がトップ

- JX金属
- 東ソー
- ハネウェル

半導体

半導体は目的や用途によって機能が異なり、さまざまな種類に分けられる

ロジック半導体

演算処理を行う半導体。インテルが苦境に陥り、TSMC とエヌビディアが躍進した

- インテル
- TSMC
- エヌビディア
- サムスン電子
- ブロードコム
- クアルコム
- SMIC

メモリ

情報を記憶・保存する半導体。韓国勢が独占的地位にある

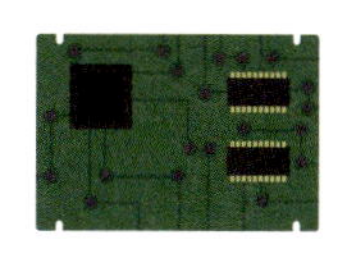

- サムスン電子
- SKハイニックス
- マイクロン
- キオクシア
- ウエスタンデジタル

センサ

スマホのカメラ機能などに使う。ソニーが牽引してきた

- ソニー
- サムスン電子
- オムニビジョン･テクノロジーズ
- インテル

マイクロプロセッサ

コンピュータの頭脳となる CPU の機能を実装したもの。インテルが強かった

- インテル
- クアルコム
- AMD
- メディアテック

アナログ半導体

アナログ信号をデジタル信号に相互変換する半導体。アメリカ勢が強い

- テキサス･インスツルメンツ
- アナログ･デバイセズ
- クアルコム
- ルネサスエレクトロニクス

パワー半導体

電力の制御や変換を行う半導体。欧米勢に強みとしている企業が多い

- インフィニオン･テクノロジーズ
- STマイクロエレクトロニクス
- オン･セミコンダクター
- 三菱電機
- 東芝
- 富士電機
- ルネサスエレクトロニクス
- NXPセミコンダクターズ

PART 3 半導体メーカー

エヌビディアが開発した次世代半導体「ブラックウェル」

ナンバーワンメーカーが次々と提供する高性能の半導体・サービスの全貌

Point

■ エヌビディアは生成AIブームのなかで大きく躍進した。
■ GPUがAI向けの半導体として売れている。
■ AI処理に特化した次世代半導体のブラックウェルに期待が寄せられている。

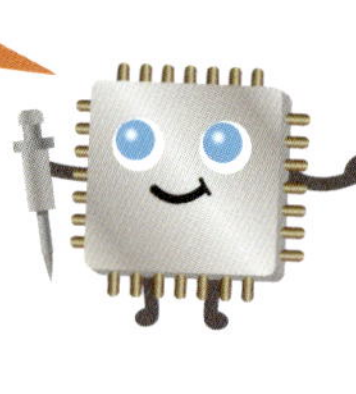

ブラックウェルはココがすごい

エヌビディアといえば、現在の半導体産業を代表するアメリカの半導体メーカーです。2024年6月には時価総額が3兆ドル超まで上昇し、世界一の座につきました（↓P24）。今や同社の決算発表が世界の株価を押し上げる存在にまでなっており、その動きを世界中が注目しています。

そんなエヌビディアが総力を挙げて開発を進めているのが、「ブラックウェル」と呼ばれる次世代半導体です。

エヌビディアの躍進は、生成AIブームのなかで起こりました。同社のGPU（画像処理装置）がAI向け半導体として売れに売れ、業績を伸ばしたのです。インテルやAMDなどのライバル企業もGPUの研究開発に尽力し、競争が激化していますが、エヌビディアは他の追随（ついずい）を許しません。

ブラックウェルはAI処理に特化した半導体です。前世代のGPUと比べ、パフォーマンスが最大30倍アップするとともに、エネルギー消費が25分の1になるといわれています。従来と同じ処理を爆速かつ低消費電力でできるわけです。

生成AIアプリ開発サービスも提供

ブラックウェルは2025年春以降に本格的に出荷され、グーグルやマイクロソフト、アマゾン、さらに日本のソフトバンクなどでも導入予定です。

それだけではありません。エヌビディアはソフトウエア開発者向けに「NIM」というサービスの提供をはじめました。NIMは生成AIアプリの開発を行うサービス。NIMを利用すれば、開発に要する時間を短縮できるようになります。

エヌビディアの勢いは、この先もしばらく止まりそうにありません。

生成AIブームで爆上がりしたエヌビディアの売上高

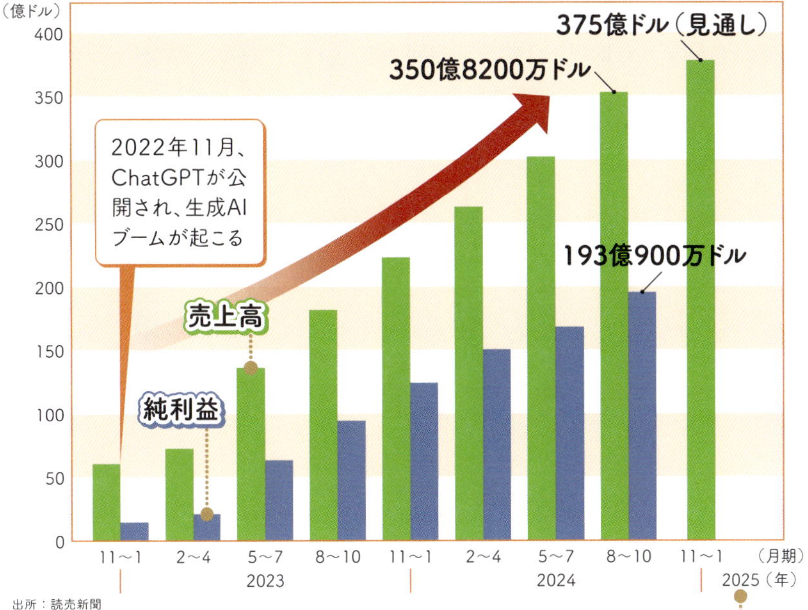

出所：読売新聞

次世代半導体「ブラックウェル」

- AI処理に特化している
- パフォーマンスが最大30倍向上し、エネルギー消費が25分の1になる
- グーグル、マイクロソフト、アマゾン、ソフトバンクなどで導入予定
- 価格は500万〜600万円

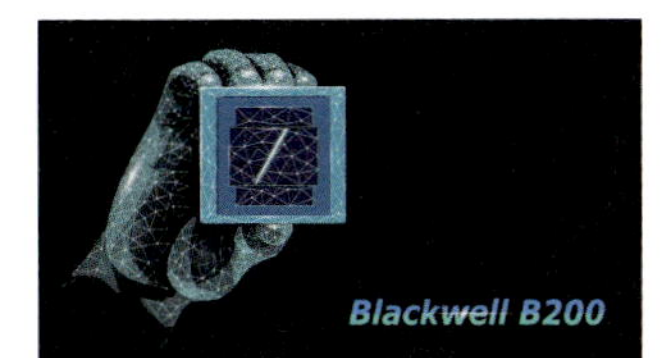

半導体こぼれ話 ソフトバンクとエヌビディアの関係

ソフトバンクグループを率いる孫正義氏は、かつてエヌビディアの買収を試みたことがありました。2016年にはイギリスの半導体メーカーArm（アーム）を買収しており、同社とエヌビディアでタッグを組ませ、AI関連事業を推進しようとしていたと考えられています。結局、買収計画はうまくいきませんでしたが、ソフトバンクとエヌビディアの関係は良好です。2024年11月には孫氏とエヌビディアのジェンスン・フアンCEOが対談を実施。ソフトバンクの携帯電話の基地局をAIの情報処理に活用する技術を開発するため、2社で協業する考えを明らかにしています。

PART 3
半導体メーカー

日本にも進出してきたTSMCはどこがスゴいのか?

受託生産に特化した台湾の雄は圧倒的な技術力を誇る

Point

- TSMCはファウンドリのビジネスモデルで成功した。
- 微細加工技術が優れている。
- アップルやエヌビディアなどから受託生産している。

ファウンドリ企業として大成功

日本進出、熊本への工場建設(↓P34)で「黒船来たる」と話題を巻き起こしたTSMC。この台湾を代表する半導体メーカーが飛躍した大きな要因は、ファウンドリと呼ばれるビジネスモデルを確立できたことにあります。

TSMCがモリス・チャン(張忠謀)氏によって創業された1987年当時の半導体業界では、設計・開発から生産までを自社で行う垂直統合型(↓P46)のビジネスモデルが主流でした。そうしたなか、アメリカのシリコンバレーで自社工場をもたず設計に特化したファブレス(↓P48)のビジネスモデルが台頭しはじめると、その潮流をいち早く感知します。

TSMCはファブレス企業から委託を受けて半導体を製造するファウンドリ(↓P50)という形態の企業として業績を伸ばし、規模を拡大。やがてアップルをはじめとする巨大IT企業などからも受託するようになり、半導体の受託生産の分野でシェアのおよそ6割を占める世界一のファウンドリ企業へと成長したのです。

微細加工技術が超ハイレベル

TSMCの強みは、高度な微細加工技術です。高性能の半導体を製造するためには、回路の幅を㎚の単位で細くできる技術を持っていなければいけません。その点、TSMCは3㎚の最先端品を生産でき、日本での製造も検討しているといわれています。

そうした高性能の半導体を大量に生産できるため、アップルからiPhone向けの半導体を受注したり、エヌビディアからAI向けの半導体を委託されたりしているのです。

ファウンドリ企業として成長したTSMC

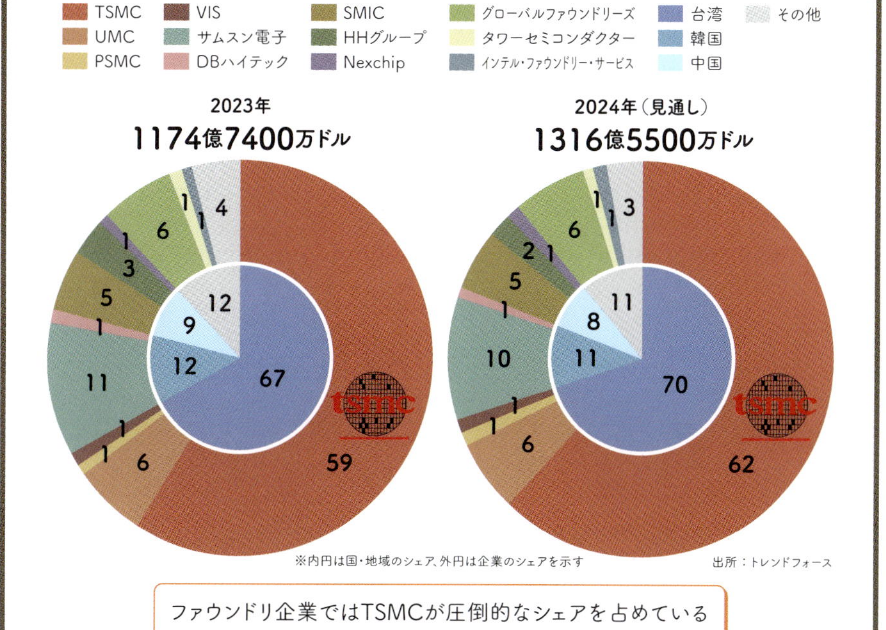

ファウンドリ企業ではTSMCが圧倒的なシェアを占めている

PART 3
半導体メーカー

苦境にあえぐ業界の元王者インテル

本当に「インテル終わってる？」となってしまうのか？

Point

- インテルはマイクロプロセッサで成功し、長らく半導体業界のトップに君臨してきた。
- 近年のインテルは微細化競争に遅れ、かつての勢いを失っている。

確かに「インテル入ってた」

「インテル入ってる（Intel Inside）」というCMでおなじみのインテルは、1990年代から長きにわたって世界の半導体産業を牽引してきたトップメーカーです。実際、当時のほとんどのパソコンに同社のCPU（中央演算処理装置）が入っていました。

インテルの誕生は1968年のことです。IC（集積回路）の生みの親のひとりであるロバート・ノイス氏と「ムーアの法則」で有名なゴードン・ムーア氏によって設立され、直後にアンドリュー・グローヴ氏が加入。この3人が初期のインテルを牽引していきました。

当初はメモリの製造を主力事業としていましたが、1971年に世界初のマイクロプロセッサを発明したことで歴史が変わります。1980～90年代にかけてマイクロプロセッサ市場で急成長を遂げ、1992年には売上高で世界一の座についたのです。

微細化競争に遅れてしまう

インテルは半導体業界における垂直統合型（↓P46）の企業の代表格です。そのビジネスモデルの強みを活かし、製品開発とそのための技術開発を連動させ、業績を伸ばしてきました。しかし、その戦略も2010年代にうまくいかなくなってしまいます。

ライバル企業が半導体の微細化を推進するなか、インテルでは10㎚プロセスの開発に遅れが生じます。その結果、それまでインテルの製品を採用していた多くの企業がAMDやエヌビディアの製品を採用しはじめ、業績が低下してしまったのです。2024年の7～9月期決算では過去最大となる

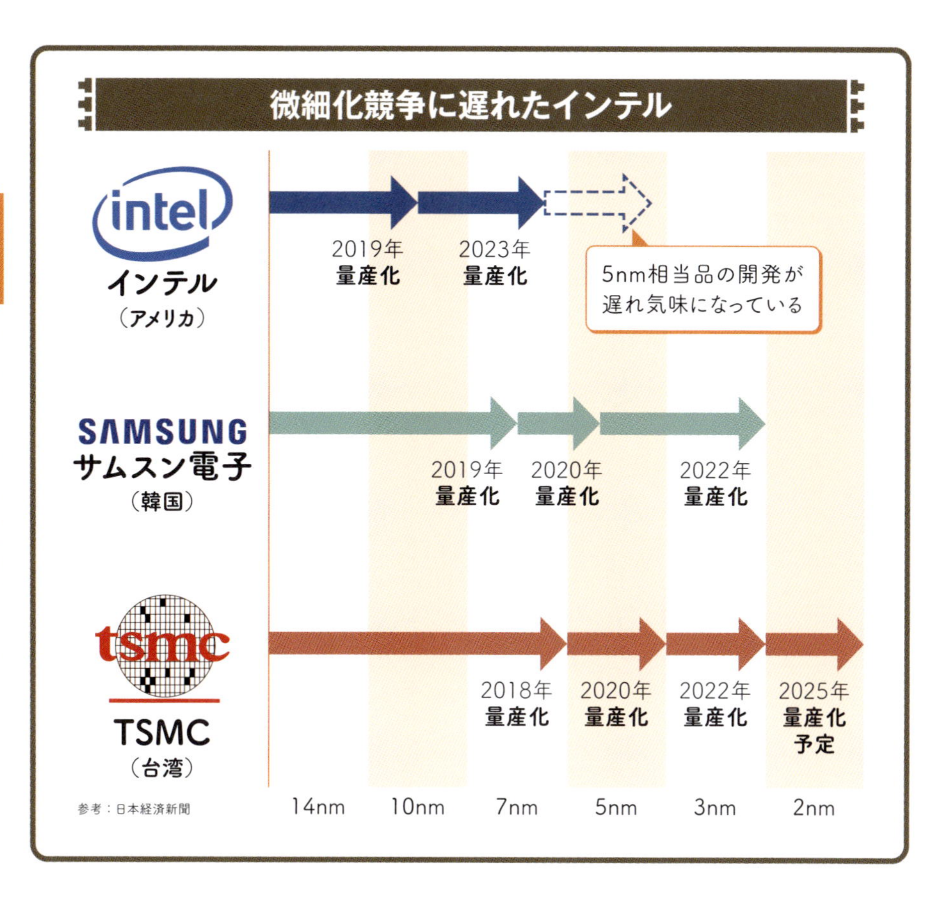

166億ドル（約2兆5000億円）もの赤字を計上しました。

今も業績不振が続く

2021年、苦境に立たされたインテルを救うべく、パット・ゲルシンガー氏がCEOに就任します。ゲルシンガーCEOは最先端プロセスでの製造開発を継続する一方、受託製造のインテル・ファウンドリー・サービスを開始しました。さらにタワーセミコンダクターを買収しようとするなど、さまざまな施策を試みました。

しかし、どれも結果がともなわず、業績不振が続き、インテルは復活が見通せない状況に陥ってしまいます。長く君臨してきた半導体業界の王者が、「インテル終わってる？」と揶揄されるほどになってしまったのです。

結局、ゲルシンガーCEOは2024年12月に事実上の引責として辞任。後任はインテル内部から暫定共同CEOが就任することになり、正式な新CEOは決まっていません。誰が火中の栗を拾うのか、適切な人材がいるのか、そしてどう再建するのか、目が離せません。

PART 3 半導体メーカー

ASMLは世界一の半導体製造装置メーカー

先端半導体に欠かせない露光装置を独占するオランダの雄

Point

- ASMLは欧州を代表する半導体製造装置メーカーである。
- 露光装置をつくっている。
- EUV露光装置の世界シェアで100%を誇る。

欧州を代表する半導体関連企業

世界の半導体勢力図を見ると、欧州勢はアメリカ勢やアジア勢に比べて陰が薄い印象を受けがちですが、絶大な影響力をもつ企業も存在します。そのひとつがASMLです。

ASMLはオランダ・フェルトホーフェンに本拠を置く半導体製造装置メーカー。先端半導体の製造に不可欠な露光装置などを生産しています。TechInsightsの半導体製造装置メーカー売上高ランキングによると、2022年はアメリカのAMATに次ぐ2位、23年は堂々のトップでした。

露光装置の製造が得意中の得意

そもそもASMLは、1984年に半導体製造装置メーカーのASMインターナショナルと電機メーカーのフィリップスが合弁会社を設立する形で創設されました。

ASMLの最大の特徴は露光装置の製造に特化し、露光装置全体の9割超のシェアを占めていることです。半導体の製造工程において、露光はフォトリソグラフィと呼ばれ、シリコンウエハ上にnm単位で回路パターンを転写する重要なプロセスです。

その露光の作業で、より微細な回路パターンを描くためにはASMLの露光装置が欠かせないため、業界での影響力が大きくなっているのです。

シェア100%のEUV露光装置

ASMLの露光装置といえば、EUV露光装置が世界的に知られています。

EUV露光装置は、波長13.5nmのEUV光（Extreme Ultraviolet＝極端紫外線）を使用することによって、従来よりも高解像度のパターン形成

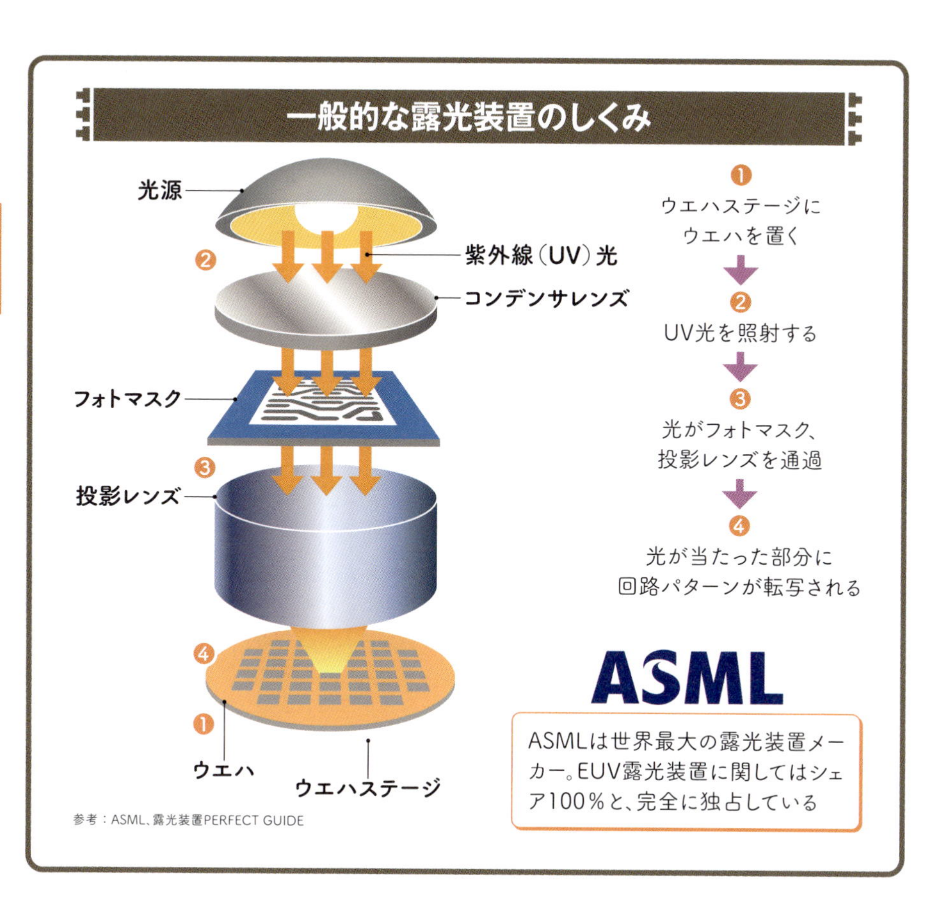
一般的な露光装置のしくみ
光源
紫外線（UV）光
コンデンサレンズ
フォトマスク
投影レンズ
ウエハ
ウエハステージ
①
ウエハステージに
ウエハを置く
②
UV光を照射する
③
光がフォトマスク、
投影レンズを通過
④
光が当たった部分に
回路パターンが転写される
ASML
ASMLは世界最大の露光装置メーカー。EUV露光装置に関してはシェア100％と、完全に独占している
参考：ASML、露光装置PERFECT GUIDE

を可能にします。特殊なミラーを使ってEUV光を反射させるしくみになっており、数ピコメートル（1兆分の数メートル）という極めて高い精度を誇ります。

このEUV露光装置を製造できるのは、現時点ではASML以外にありません。そのため1台数百億円という超高額ながらも、市場シェアは驚異の100％となっているのです。

王座を確固たるものにするために

ASMLは現状の独占体制を確固たるものにすべく、さまざまな戦略を進めています。

たとえば、2013年にアメリカの光源メーカーのCymerを買収したり、2020年にドイツの光学系メーカーのBerliner Glas Groupを買収したりして、EUV露光装置の主要要素を自社で開発しようとしています。もちろん、露光装置の機構やEUV光源などの技術に関する特許保有も怠りません。

こうしたことから、露光装置分野におけるASMLの王座は当面の間は揺るがないと考えられています。

PART 3 半導体メーカー

キオクシアは現在の日本を代表する半導体メーカー

フラッシュメモリ市場で大きなシェアを占める東芝ルーツの企業

Point

- 日本の半導体メーカー、キオクシアは東芝がルーツである。
- 東芝の経営不振によって売却された。
- フラッシュメモリで大きなシェアを有する。

東芝との切っても切れない関係

かつて半導体産業の覇権を握りながら凋落し、復権を目指す日本。そんな日本の有力な半導体メーカーとしては、キオクシアが挙げられます。

キオクシアの歴史は、総合電機メーカーとして名をはせた東芝を抜きに語れません。明治時代初期創業の東芝は早くから半導体関連事業を手がけ、1959年に日本初のトランジスタ式テレビを完成させたほか、1976年に世界初の自動車エンジン電子制御マイコンを開発したり、1987年にNAND型フラッシュメモリを発明したりと、日本の半導体産業を常にリードする存在でした。

ところがその後、東芝は業績が悪化し、半導体事業にも影響が波及。2001年にDRAM事業から撤退し、2017年にはメモリ事業を分社化することになります。メモリ事業を分離したのは経営再建のためでした。

東芝の経営再建の柱として誕生

2015年、東芝は不正会計問題の発覚を機に業績悪化が深刻化。経営再建の一環として医療機器や白物家電、テレビなどの主力事業を売却しましたが、傘下の原子力発電プラントメーカーの破綻などで債務超過に陥ってしまいます。

残されたメモリ事業は、東芝の多くの利益を稼ぎ出していました。しかし経営再建の資金確保のために手放さざるを得ず、2017年にアメリカの投資ファンドなどへの売却を決め、独立することになりました。それが現在のキオクシアです。

キオクシアの強みは発足経緯からわかるようにメモリ事業で、フラッシュメモリ市場の約15%を占めています。現在は上場による資金調達で設備投資を進め、競争力を高めようとしています。

PART 3 いま注目されている半導体メーカー

キオクシアの歴史と実力

東芝からキオクシアへ

年	出来事
1875	田中久重が電信機工場を創設。1904年に芝浦製作所となる
1939	芝浦製作所と東京電機が合併し、「東京芝浦電気」となる
1959	日本初のトランジスタ式テレビを完成させる
1976	世界初の自動車エンジン電子制御マイコンを開発
1984	商号を「東芝」に変更
1985	世界初のノンラッチアップIGBTを製品化する
1987	舛岡富士雄がNAND型フラッシュメモリを発明
1991	NAND型フラッシュメモリの量産を開始する
2001	DRAM事業から撤退する
2002	東芝とアメリカのサンディスクが四日市工場で共同生産を開始
2015	東芝の不正会計問題が発覚し、業績が悪化
2017	東芝がメモリ事業を分社化し、東芝メモリ（現キオクシア）を設立
2021	キオクシアとウエスタンデジタルの統合協議開始
2023	統合協議が打ち切りとなる
2024	キオクシアが東京証券取引所への上場を果たす

NAND型フラッシュメモリの世界シェア

（2023年第3四半期）

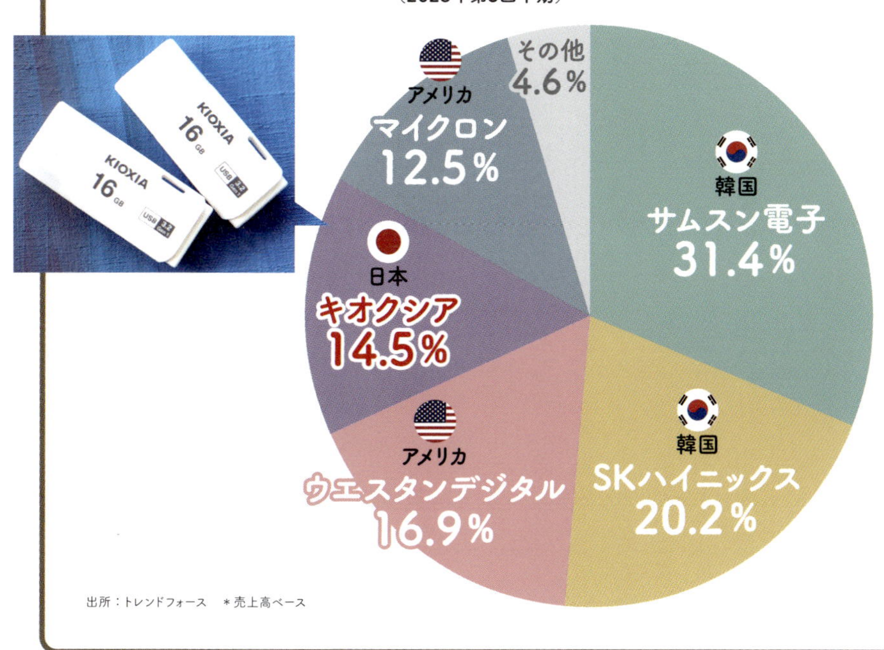

出所：トレンドフォース　＊売上高ベース

日本半導体復活の旗手となるルネサスエレクトロニクス

日立、三菱、NECの統合によって生まれたマイコンが強みのメーカー

Point

- ルネサスエレクトロニクスは日立製作所、三菱電機、NECの3社が統合してできた。
- マイコンが強みであり、汎用マイコンと車載マイコンの分野で高いシェアを占めている。

キオクシアと並ぶ日本の半導体企業

ルネサスエレクトロニクスは、1980年代に世界を席巻した日本の大手企業が統合してできました。日立製作所、三菱電機、NEC（NECエレクトロニクス）の3社です。

現在の日本を代表する半導体メーカーであり、マイコンを強みとしています。マイコンとは、ひとつのチップにコンピュータが有する基本機能一式、すなわち演算機能・記録機能・入出力機能を備えたICのこと。同社はそのマイコン製品のラインナップが豊富で、汎用マイコンと車載マイコンの分野で高いシェアを占めています。

赤字から脱出し、勢いに乗る

実は、設立当初のルネサスエレクトロニクスは経営状況が厳しく、赤字に苦しんでいました。3社統合によってできたため、国内工場が多いうえに各地に点在していて生産効率が悪かったことや、東日本大震災によって那珂工場をはじめとする主力工場が被災したことなどが主な理由です。2013年には官民ファンドのINCJ（旧産業革新機構）の傘下に入り、事実上国有化されたほどです。

しかし、車載マイコンが必要なトヨタグループを中心とする投資を受けたり、国内工場の統廃合を進めたりして2014年には黒字化を達成します。それ以降は海外企業の買収戦略を展開してアメリカのインターシルやIDT、イギリスのダイアログなどを傘下に収め、欧米流の経営手法を取り入れていきました。

外部からの投資と経営の効率化、そして戦略的な買収。それらによりルネサスエレクトロニクスは経営を軌道に乗せたのです。

ルネサスエレクトロニクスが誕生するまで

NEC
日立製作所
三菱電機

2002年、日本電気（NEC）が半導体事業を分社化

分社化

2003年、日立製作所と三菱電機の半導体事業を分社化・統合

分社化・統合

NECエレクトロニクス
ルネサステクノロジ

2010年、業績の悪化したNECエレクトロニクスとルネサステクノロジが合併・統合

合併・統合

RENESAS

ルネサスエレクトロニクス

自動車や産業機器を制御するために使用するマイコンについて、ルネサスエレクトロニクスは世界一のシェアを誇る

汎用マイコンや車載マイコンなどのマイコンが強み。外部からの投資や経営の効率化、戦略的買収によって規模を拡大してきた

ルネサスエレクトロニクスはマイコン王

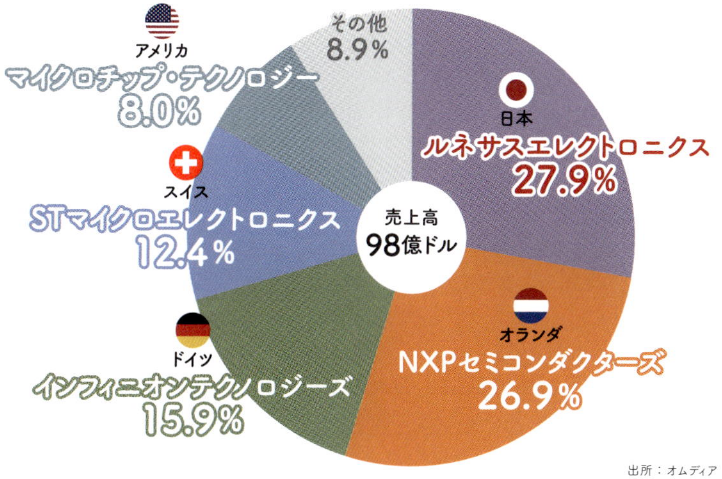

売上高 98億ドル

ルネサスエレクトロニクス	日本	27.9%
NXPセミコンダクターズ	オランダ	26.9%
インフィニオンテクノロジーズ	ドイツ	15.9%
STマイクロエレクトロニクス	スイス	12.4%
マイクロチップ・テクノロジー	アメリカ	8.0%
その他		8.9%

出所：オムディア

半導体も手がける元祖・日本発ベンチャー企業ソニー

スマホのカメラに欠かせないイメージセンサで世界をリードする

Point

- 日本を代表する企業であるソニー（ソニーグループ）は半導体も手がけている。
- ソニーセミコンダクタソリューションズが半導体事業を担う。
- カメラに使うイメージセンサに秀でている。

実は国内屈指の半導体メーカー

ソニーといえば日本が世界に誇る大企業です。家電に加え、音楽、映画、ゲーム、金融、保険など多岐にわたる事業をグローバルに展開し、それぞれが1兆円以上の売上を誇っています。

さらにソニーは、国内屈指の半導体メーカーという一面ももっています。

1954年にトランジスタを日本ではじめて実用化したことからわかるように、ソニーの半導体事業の歴史は古く、わが国の半導体産業黎明期にはじまりました。その後、イメージセンサを中心に事業を展開し、大きく成長。現在はグループ会社のソニーセミコンダクタソリューションズが事業を担っており、約1兆6000億円（2023年）に達する売上はキオクシアやルネサスエレクトロニクスをも上回ります。

CMOSイメージセンサでリード

ソニーの半導体事業における主力製品は、光を電気信号に変換する半導体であるイメージセンサです。なかでもCMOS（シーモス）イメージセンサに関しては市場シェアの5割以上を占め、世界1位となっています。

CMOSイメージセンサはスマートフォンやノートパソコンのカメラをはじめ、自動車の車載カメラ、ドローン、画像検査装置などに使われています。さらに今後はセキュリティや自動車の自動運転などにも市場が拡大する見込みです。

そこでソニーは設備投資にも注力。自社製イメージセンサに使用するロジックチップの多くを調達しているJASM（TSMC熊本工場の運営会社）に出資したり、熊本県合志市にイメージセンサの新工場建設を計画したりしています。

イメージセンサがソニーの強み

イメージセンサ

イメージセンサは光を電気信号に変換する半導体。
デジタルカメラやスマートフォンのカメラ機能などに使われている

CCDイメージセンサ

フォトダイオードで生成した電荷を、画素間でバケツリレーのように転送し、ひとつのアンプで信号を増幅する。画質が高いが、消費電力も大きい

CMOSイメージセンサ

画素ごとにアンプとスイッチを有し、各画素で電荷を生成。その電荷を増幅し、必要な画素のみスイッチをオンにして出力する。消費電力が小さいうえ、悪かった画質が改善され、どんどんよくなってきている

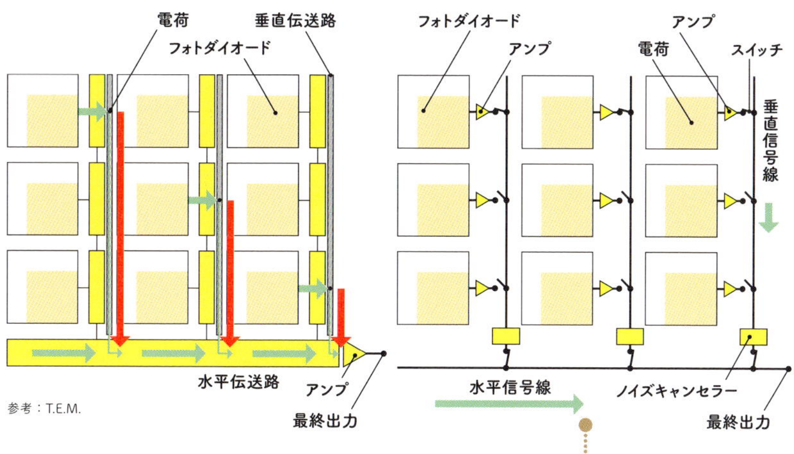

参考：T.E.M.

CMOSイメージセンサの世界シェア

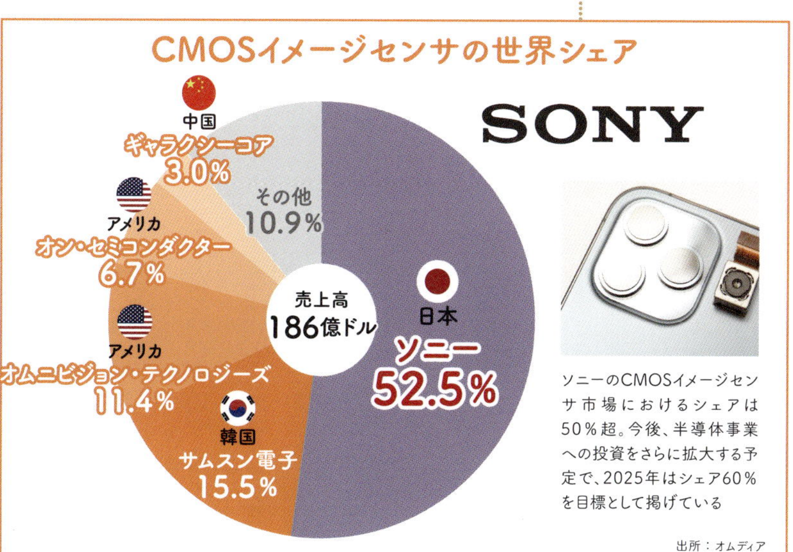

ソニーのCMOSイメージセンサ市場におけるシェアは50％超。今後、半導体事業への投資をさらに拡大する予定で、2025年はシェア60％を目標として掲げている

出所：オムディア

PART 3
半導体メーカー

台頭する日本の半導体製造装置メーカー、レーザーテック

フォトリソグラフィ工程で欠かせない検査装置で市場を独占

Point

- 日本勢は半導体製造装置が強い。
- レーザーテックは検査装置をつくっている。
- ファブライト化に成功したこともあり、従業員の年収が高い。

検査装置に特化したメーカー

日本の半導体産業では、半導体製造装置メーカーが強く、最近の半導体関連株の値上がりにも大きく貢献しています。そんな半導体製造装置メーカーのひとつがレーザーテックです。

レーザーテックの創業は1960年。当時から光を用いた検査装置の研究開発を行い、1975年に半導体の検査分野に参入しました。

現在はフォトリソグラフィ工程（↓P120）で必要となるフォトマスクと、その原材料であるマスクブランクスの検査装置を主力製品としており、EUV露光向けのフォトマスク、マスクブランクス欠陥検査装置については市場シェアをほぼ独占しています。いずれも微細化のカギとなる装置なので、最先端の半導体製造におけるレーザーテックの技術力がいかに重要かがわかります。

ファブライト戦略が奏功する

レーザーテックは株式市場での評価（時価総額）も高く、売買代金額でも広く名の知れた大企業と並んで上位に入っています。

また一般的な製造企業に比べて利益率が非常に高く、従業員の年収が高いことでも知られています。その背景にあるのがファブライト化です。

ファブライトとは、自社で工場をもたずに開発に特化する戦略のこと。この戦略にもとづき、レーザーテックは社員の約7割をエンジニアとし、売上高の約1割を研究開発費に投資。結果として、新製品の迅速な開発と高い収益性を実現しました。2023年における同社の年収は、国内の並み居る半導体企業のなかで2位です。

独自の技術をもち、適切な戦略を採用していることがレーザーテックの成功の秘訣です。

国内半導体企業年収ランキング・トップ30（2023年）

順位	企業名	業種	主な事業	年収（万円）
1	マクニカホールディングス	半導体商社	商社	1,889
2	レーザーテック	製造装置メーカー	検査装置	1,581
3	ディスコ	製造装置メーカー	ダイシング装置	1,507
4	東京エレクトロン	製造装置メーカー	製造装置全般	1,273
5	ソニーグループ	半導体メーカー	イメージセンサ	1,113
6	高砂熱学工業	製造装置メーカー	CR設備	1,029
7	レゾナック	材料メーカー	後工程材料	1,026
8	SCREEN	製造装置メーカー	洗浄装置	1,025
9	東京エレクトロンデバイス	半導体商社	商社	1,022
10	アドバンテスト	製造装置メーカー	テスタ	1,005
11	ローツェ	製造装置メーカー	搬送装置	984
12	栗田工業	材料メーカー	超純水	935
13	野村マイクロ・サイエンス	材料メーカー	超純水	927
14	ソシオネクスト	半導体メーカー	SoC設計	921
15	トーメンデバイス	半導体商社	商社	894
16	加賀電子	半導体商社	商社	890
17	ルネサスエレクトロニクス	半導体メーカー	マイコン	889
18	芝浦メカトロニクス	製造装置メーカー	洗浄装置	887
19	信越化学工業	材料メーカー	シリコンウエハ	887
20	ローム	半導体メーカー	パワー半導体	879
21	メガチップス	半導体メーカー	LSI設計	873
22	東京応化工業	材料メーカー	フォトレジスト	872
23	ニコン	製造装置メーカー	露光装置	864
24	荏原製作所	製造装置メーカー	CMP装置	864
25	オルガノ	材料メーカー	超純水	852
26	キヤノン	製造装置メーカー	露光装置	832
27	三菱電機	半導体メーカー	パワー半導体	830
28	JSR	材料メーカー	フォトレジスト	824
29	HOYA	材料メーカー	マスクブランクス	821
30	フジミインコーポレーテッド	材料メーカー	CMP材料	815

出所：各社有価証券報告書

国内トップの半導体製造装置メーカー、東京エレクトロン

積極的な投資で半導体業界を牽引する

Point

- 東京エレクトロンは日本を代表する半導体メーカーのひとつ。
- 半導体製造装置を主に手がけており、トップクラスのシェアを誇る製品が多数ある。
- 特許保有数が多い。

日本の半導体メーカーの代表格

日本の半導体製造装置メーカーである東京エレクトロンは、国内では売上高トップ、世界でもオランダのＡＳＭＬ、アメリカのＡＭＡＴ、同じくアメリカのラムリサーチに次ぐ４位にランクしている業界トップクラスの企業です。

１９６３年に創業され、現在は主に半導体製造装置とフラットパネルディスプレイ製造装置を手がけています。半導体製造装置においては、拡散装置、エッチング装置、バッチ成膜装置、塗布・現像装置、洗浄装置、プローバなどでシェアを誇り、日本の半導体製造装置メーカーの代表格といえる存在です。

屈指の特許保有数

東京エレクトロンの半導体製造装置のなかで、とくに大きな影響力をもっているのがＥＵＶ露光用のレジスト塗布・現像装置で、同社が市場をほぼ独占しています。つまり現在、最先端の半導体をつくろうと思えば、ＡＳＭＬの露光装置、レーザーテックの検査装置、そして東京エレクトロンの塗布・現像装置が不可欠であり、当然ながら業界における３社の影響力は強まります。

東京エレクトロンについては特許の数も見逃せません。同社は研究開発に積極的に取り組み、その成果を知的財産として保護。特許保有数は半導体製造装置メーカーのなかでトップを誇ります。

今後も研究開発に多額の投資を行う計画を立てており、２０２９年までに総額１兆５０００億円以上を投じるといわれています。

こうした意欲的なスタンスが業界の急速な技術革新と成長にマッチし、東京エレクトロンの発展に与しているのです。

東京エレクトロンの実力

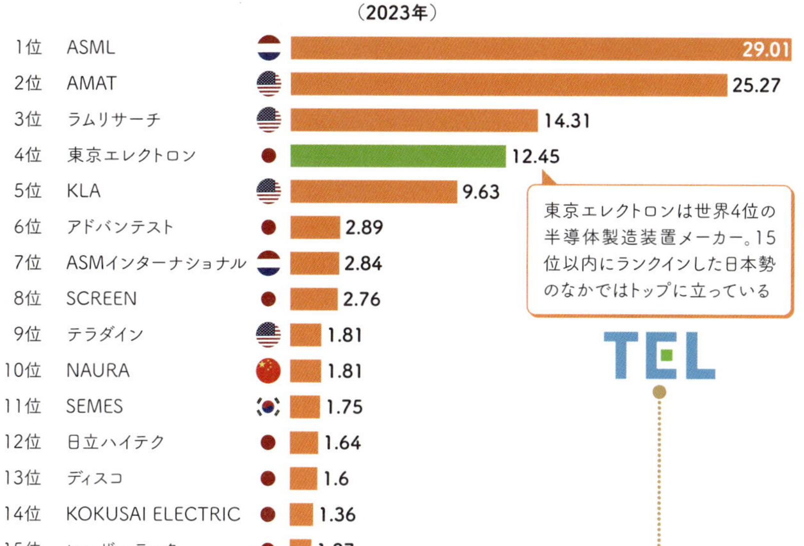

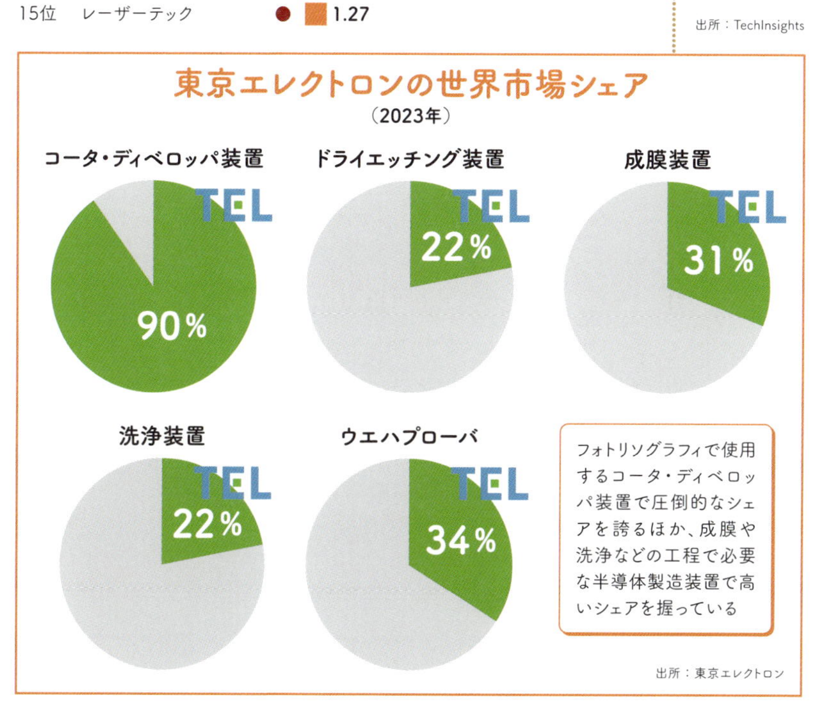

信越化学工業とSUMCOはシリコンウエハの2トップ

日本勢が強い半導体材料メーカーの代表格

Point

- 日本勢は半導体製造装置だけでなく半導体材料も強い。
- シリコンウエハ製造では信越化学工業とSUMCOが有力である。

総合化学メーカーの信越化学工業

シリコンウエハは半導体の大元となる材料。半導体メーカーは、そのシリコンウエハを材料メーカーから購入して半導体をつくります。

シリコンウエハ市場は半導体市場の伸びと合わせて順調に成長しており、日本の半導体材料メーカーが非常に強い分野でもあります。そのシェア（2019年）を見ると、1位は信越化学工業、2位は僅差でSUMCOと続き、2社だけで全体の約5割を占めているのです。

信越化学工業は塩化ビニル樹脂やシリコン材料などの事業を展開する総合化学メーカーで、それぞれの分野で高いシェアと高収益化を実現しています。収益基盤が安定しているため、株式市場からも高い評価を得ています。

そんな信越化学工業が注力している分野のひとつがシリコンウエハをはじめとする電子材料事業で、シリコンウエハについては大手半導体メーカーと長期的な取引関係を構築して大きな利益を得ています。

SUMCOはウエハ専業メーカー

一方、SUMCOはシリコンウエハの専業メーカーです。

半導体の需要が業績を左右するため、経営の安定性では信越化学工業に劣りますが、最先端のロジック半導体向けのシリコンウエハでは高いシェアを確保しています。

SUMCOの今後の成長の裏づけとなりそうなのが、AI向けデータセンター用の半導体の需要が拡大していることです。近年では同社の製造拠点がある佐賀県内に約2000億円以上の投資を行い、新工場建設を進めています。

信越化学工業とSUMCOはシリコンウエハの王者

半導体材料全体の世界シェア

（2022年）

日本 48%
韓国 13%
台湾 17%
アメリカ 6%
中国 3%
その他 10%

日本勢は半導体材料に強く、全体の約5割のシェアを占めている。1社でシェアのほぼ100％を担う「オンリーワン企業」も少なくない

出所：オムディア　＊主要6品目のシェア

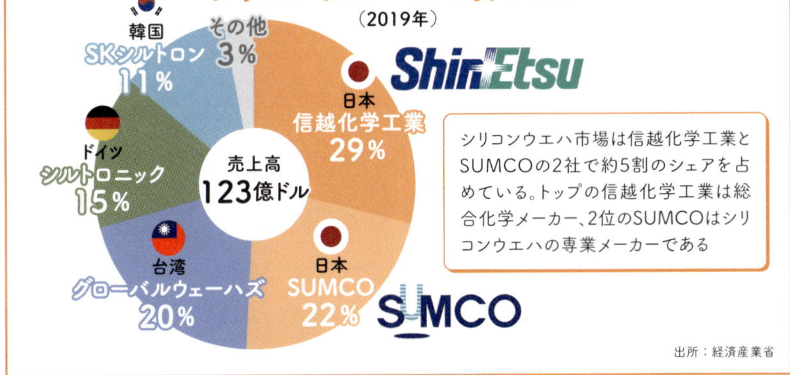

半導体こぼれ話

日本勢が半導体材料で高シェアを誇る理由

日本では腰を据えて研究開発を行う傾向がみられます。外国企業は短期で結果を求めがちなのに対し、日本企業は長期的な視野で研究開発に取り組むことができます。また、そうして生み出した優れた技術をあえて特許化せず、ノウハウとしてもっているため、外国勢に対して優位性を保てているのです。

半導体材料をつくるレゾナック

後工程の材料メーカーとしては世界トップクラス

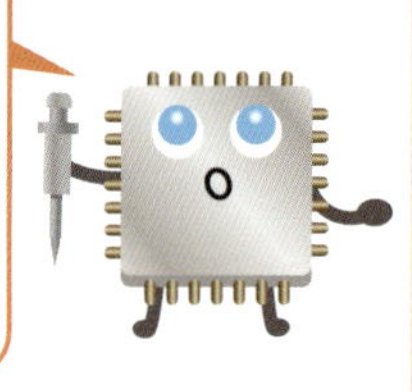

Point

- レゾナックは大手化学メーカーだが、半導体も手がけている。
- 前工程・後工程のどちらでも多様な製品をつくっており、後工程に関してはトップシェアを誇るものも多い。

昭和電工と旧日立化成の統合で誕生

レゾナックは日本の大手化学メーカーとして知られています。昭和電工と旧日立化成（昭和電工マテリアルズ）が2023年に統合してできた新しい企業ですが、昭和電工は1939年設立、日立化成は1962年設立という長い歴史をもっています。

化学品や石油化学などのケミカル分野が最大の事業ですが、半導体・電子材料分野も売上の柱のひとつとなっており、半導体業界において大きな存在感を放っています。

レゾナックの半導体材料事業の特徴は、前工程・後工程のどちらでも多様な製品をつくっている点にあり、とくに後工程に関してはトップシェアを誇るものも少なくありません。後工程に限った売上高では、ダントツの世界一です。

後工程の材料製造に注力

近年は前工程での微細化に限界が見えてきており、チップレット化や3次元実装といった後工程の技術開発によって高集積、高機能化を目指す動きが活発化しています。レゾナックもまた、そうした潮流に乗っています。

日本国内やアメリカのシリコンバレーに後工程の開発拠点となるパッケージングソリューションセンター（PSC）を設立したり、国内の複数メーカーとともに次世代半導体パッケージ実装技術の研究開発を推進。さらには日米企業10社のコンソーシアムUS-JOINTを設立するなど、多くの企業と協力して材料開発を進めています。

今後は半導体材料を事業の核とすべく、さらなる投資を行うレゾナック。同社にかかる期待はますます大きくなっています。

レゾナックがつくる半導体材料

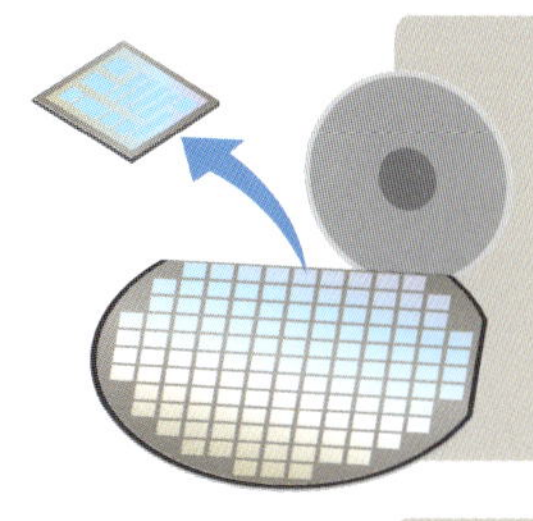

前工程関連

- CMPスラリー
- 電子材料向けガス製品
- 半導体用溶剤

後工程関連

- Cフィルムアンダーフィル（世界シェア1位）
- バッファコート（世界シェア1位）
- 液状アンダーフィル（世界シェア2位）
- 固形封止材（世界シェア2位）
- CMPスラリー
- 感光性絶縁材（世界シェア1位）
- 銅張積層板（世界シェア1位）
- 感光性フィルム（世界シェア1位）
- ソルダーレジスト（世界シェア1位）
- 熱伝導材

多くの半導体材料でトップシェアを誇る

出所：レゾナック

レゾナックの事業別売上比率（2023年12月期）

ケミカル	44.4%
半導体・電子材料	29.1%
モビリティ	15.4%
イノベーション材料	11.2%

今後、半導体材料の製造をさらに推進していく予定

RESONAC
Chemistry for Change

出所：レゾナック

Column

半導体の歩み③

日本の半導体産業の黄金期

1980年代後半は日本勢が世界を牽引していた

半導体を生み育んだのはアメリカですが、日本も半導体産業の発展に大きく貢献していました。

1955年にトランジスタラジオを製作したのは東京通信工業（のちのソニー）。当時はラジオにも真空管が使われていましたが、トランジスタを使ったラジオは小型のポータブルサイズとなりました。

1971年にアメリカのインテルが電卓用に開発した世界初のマイクロプロセッサであるインテル4004も、日本との縁があります。4004の製造を依頼したのは日本の電卓メーカーのビジコンで、同社の嶋正利氏が開発に加わっていたのです。

その5年後の1976年には、通商産業省（現在の経済産業省）の大型プロジェクトとして超LSI技術研究組合が発足しました。LSIとはLarge Scale Integration（＝大規模集積回路）の略です。各社とも電機メーカーの大手5社（日立製作所、日本電気、三菱電機、富士通、東京芝浦電気）が参画した同組合での研究成果をもとに開発を進め、海外勢にはつくれない半導体製造装置を生み出しました。

優れた半導体製造装置は微細加工を可能にし、高品質かつ低コストの良品を多数生産。1980年代には情報を記憶する半導体であるDRAMが爆発的に売れるなど、日本の半導体産業は国際競争力を高めていきます。

その結果、1980年代後半に「日本の半導体産業の黄金期」と呼ばれる時代が到来しました。1989年における世界の半導体の企業別シェアを見ると、世界1位が日本電気（NEC）、2位が東芝、3位が日立製作所とトップ3を日本勢が独占。さらに5位に富士通、7位に三菱電機、9位に松下電子工業（現パナソニック）と、日本勢が10位以内の過半を占めていたのです。

現在は見る影もなくなった日本の半導体産業の華やかなりし時代は、1990年代中頃まで続きました。

PART 4

激化する半導体争奪戦

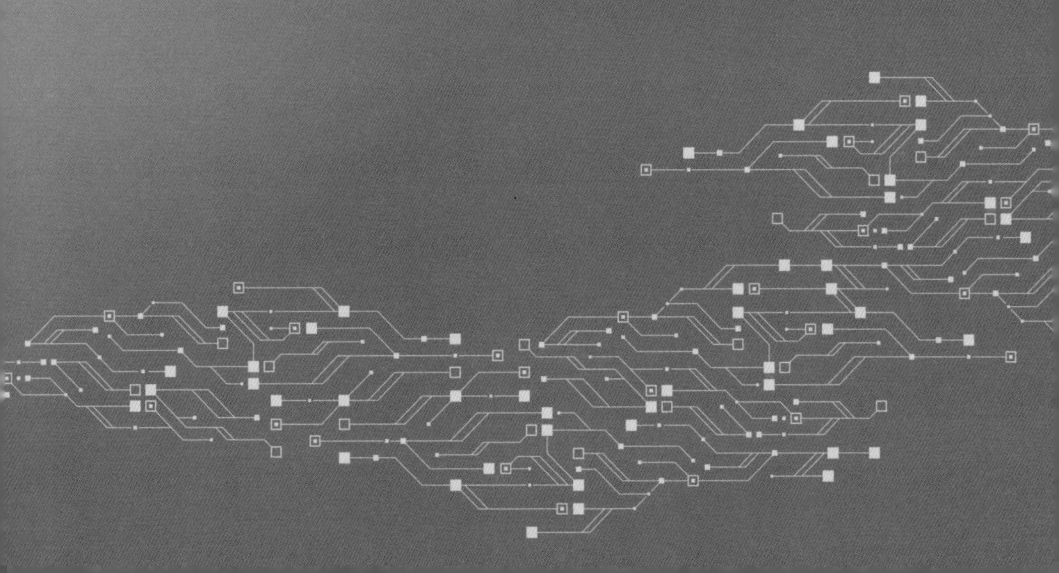

一目でわかる! 世界各国の半導体戦略

国内の半導体産業を活性化したい!
アメリカ
CHIPS法で半導体製造の国内回帰を図る
・台湾への高すぎる依存度を低くしたい
・CHIPS法を制定し、半導体の大手メーカーを中心に助成を行う
・インテルやマイクロンなどの自国メーカーのほか、TSMCやサムスン電子などの海外メーカーもアメリカで工場建設を進め、国内での半導体産業の活性化を図っている
日本
ラピダスで2nm半導体の量産化を計画
・半導体大国の復活をかけて官民一体で取り組んでいる
・先端半導体の国産化を実現するため、ラピダスを設立した
・ラピダスは北海道に工場を建設し、2027年からの2nm半導体の量産化を目指している
半導体はどんどん微細化が進んでいる
2nm
韓国
K字形の半導体集積地で半導体産業を振興
・アジアの半導体大国として、打倒・台湾の意識が強い。
・半導体集積地をつなげた「K-半導体ベルト」という半導体供給網の構築を進めている
韓国経済の顔ともいえるサムスン電子の半導体
SAMSUNG

欧州

低下している半導体の生産能力向上を狙う

- 欧州半導体法を制定し、半導体産業への投資を行っている
- TSMCのドイツ進出など工場新設を進め、欧州地域での半導体産業の活性化を図っている

2025年までに半導体の国内自給率を70％に！

中国

中国製造2025で半導体の国産・量産化を目指す

- アメリカをはじめとする西側諸国の輸出規制に対抗し、半導体産業の育成を進めている
- 製造業振興のための長期戦略プラン「中国製造2025」において、半導体を国産化・量産化の中心に位置づけた

インド

脱中国から半導体の国産化を目指す

- インド半導体ミッション（ISM）を掲げ、中国依存からの脱却、国内製造の推進を計画
- インド西部のグジャラート州などで新工場の建設計画が進行中

インドには優秀な技術者が多い

台湾

世界情勢の悪化に備え、海外展開も推進

- 台湾有事や国内の「五欠」問題を憂慮し、海外進出の動きを見せる半導体メーカーも出てきている
- 台湾トップのTSMCは日本だけでなく、アメリカや欧州に新工場を建設中

アメリカ・アリゾナ州フェニックスに建設中のTSMCの工場

PART 4
国家戦略

アメリカは半導体の設計分野を牽引する

半導体産業でトップを直走るアメリカは設計が最大の強み

Point

- 現在のアメリカは世界一の半導体大国である。
- アメリカ企業は半導体の設計分野に強い。
- 人材の好循環がプラスにはたらいている。

アメリカは世界一の半導体大国

世界最大の経済大国であるアメリカは、半導体産業でもトップを直走っています。インテル、エヌビディア、マイクロン、クアルコム、AMDなどの有力メーカーを多数有し、業界を牽引中です。2023年における半導体市場の国・地域別シェアを見ると、1位がアメリカで55・8%。2位が韓国で13・2%、3位がヨーロッパで11・5%、4位が日本で8・7%、5位が台湾で6・3%となっており、アメリカの強さが際立ちます。

アメリカの半導体メーカーの一番の強みは設計です。これは設計分野に特化したファブレス企業（→P48）の業績からも明らかです。2023年のファブレス企業の売上高を見ると、1位が24年に時価総額で一時世界一になったエヌビディア、2位クアルコム、3位ブロードコム、4位AMD、5位メディアテックと並んでおり、1位から4位までをアメリカ企業が独占しているのです。

また、EDA（Electronic Design Automation）と呼ばれる半導体の設計や検証を自動化するためのツール（→P117）を提供する主要企業3社、すなわちシノプシス、ケイデンス、シーメンスEDAもアメリカ企業です。

設計分野に強い理由

アメリカ企業が設計分野に強い理由としては、人材の好循環がいわれています。世界各地の優秀な人材がアメリカのトップクラスの大学に集まり、卒業後は有力なファブレス企業に入ったり、自ら起業したりするなどの好循環が続いているというものです。ただし、製造分野では韓国や台湾などに遅れており、現在、CHIPS（チップス）法などを通じて挽回を図っているところです。

半導体産業を牽引するアメリカ

半導体市場における国・地域別シェア

（2023年）※本社所在地で換算

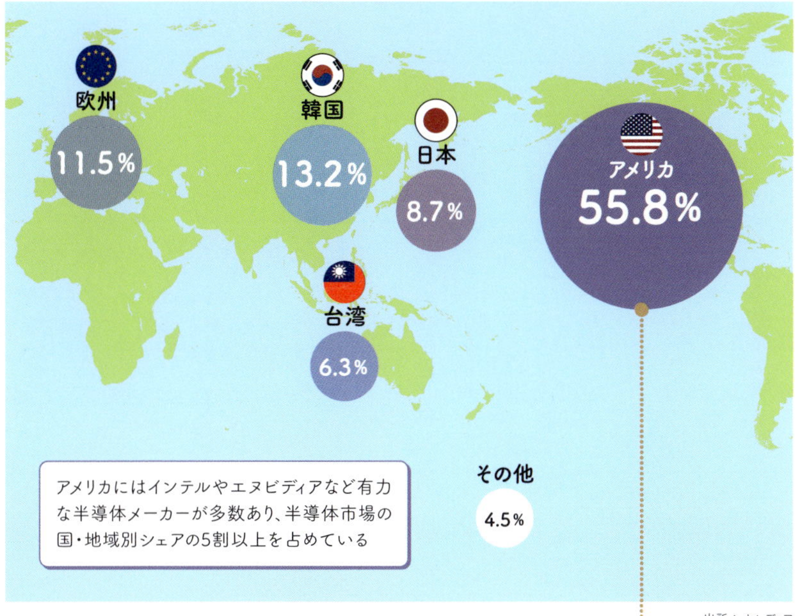

出所：オムディア

ファブレス企業の売上高ランキング

（2023年）

順位	企業名	本社所在地	売上高（百万ドル）
1	エヌビディア	アメリカ	55,268
2	クアルコム	アメリカ	30,913
3	ブロードコム	アメリカ	28,455
4	AMD	アメリカ	22,680
5	メディアテック	台湾	13,888
6	マーベル	アメリカ	5,505
7	ノヴァテック	台湾	3,544
8	リアルテック	台湾	3,053
9	ウィルセミコンダクター	中国	2,525
10	MSP	アメリカ	1,821

アメリカ勢の強みは設計。設計に特化したファブレス企業の売上高ランキングにおいて、アメリカ勢が上位を独占している

出所：トレンドフォース

CHIPS法で製造の国内回帰を進めるアメリカ

巨額の助成で工場建設を促し、アメリカ国内で半導体をつくる!

Point

- アメリカは半導体の製造に関する台湾依存が大きい。
- 半導体産業の国内回帰のため、CHIPS法を制定した。
- CHIPS法により、半導体産業にさまざまな助成がなされている。

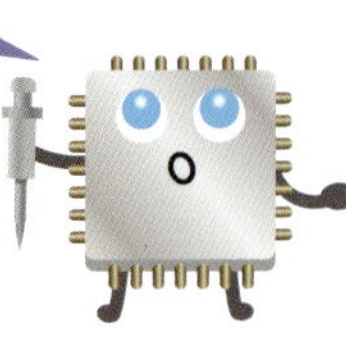

2022年にCHIPS法を制定

アメリカは半導体の設計分野で圧倒的な強さを誇っていますが、製造分野における存在感は決して大きくありません。2022年の世界の半導体製造能力を見ると、アメリカのシェアは10%程度しかなく、先端品の製造に関しては、そのほとんどを台湾の製造拠点に依存しています。

こうした状況では台湾有事（↓P32）などが起こった場合、半導体不足に陥ることは明白です。そこでアメリカは2022年、国内の半導体産業の振興を目的にCHIPS法を制定しました。

CHIPS法では、半導体の生産・研究開発のために5年間で総額520億ドルを助成します。その内訳は、半導体工場などの建設・拡大の支援が390億ドル、関連企業への税額控除が240億ドル、人材育成・研究開発の助成が110億ドルなどとなっており、生産基盤の強化に注力しようとしていることがうかがえます。

大手メーカーに1兆円前後の助成

CHIPS法が適用されるのはアメリカ国内での工場建設を表明しているインテルやTSMC、サムスン電子、マイクロンなどの大手半導体メーカーで、助成金額が確定している企業も少なくありません。具体的にはインテル約78億ドル、TSMC約66億ドル、マイクロン約61億ドルと、各社に日本円にして1兆円前後もの助成がなされ、アメリカ国内での工場建設が進められる予定です。さらに台湾のグローバルウェーハズが進めるシリコンウエハ製造工場に助成が見込まれるなど、半導体材料分野にも支援がなされます。

アメリカは、こうして自国での半導体製造の活性化を図っているのです。

CHIPS法による国内半導体産業振興策

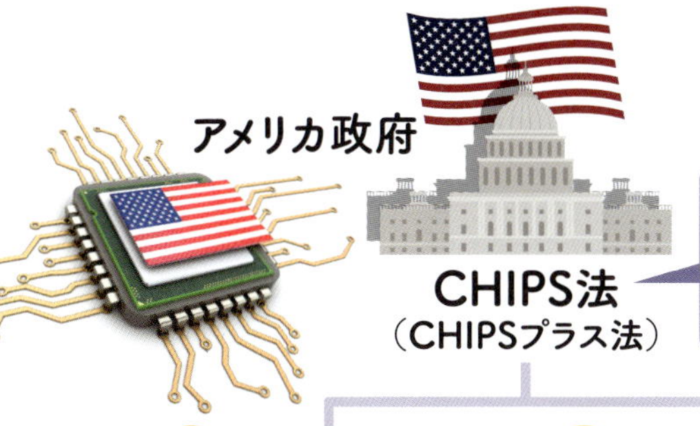

CHIPS法
（CHIPSプラス法）

アメリカ国内の半導体産業の振興をはかる目的で、2022年に制定された

520億ドル
半導体の生産・研究開発のために5年間補助金を支給

240億ドル
半導体製造に投資する企業に対し、25％の税額控除を実施

390億ドル
半導体工場などの建設・拡大のための支援

110億ドル
半導体関係の人材育成などのための支援

20億ドル
政府と民間の間での技術応用のための支援

アメリカ国内に建設予定の半導体工場

インテルには最大規模の78億6000万ドルもの補助金が支給され、アリゾナ州の工場建設などに利用される

参考：野村證券エクイティ・リサーチ部　※2023年4月時点

PART 4
国家戦略

中国製造2025で半導体の国産・量産化を目指す

中国はアメリカの輸出規制のなかで汎用半導体の量産化を進めている

Point

- 中国の国産半導体のシェアは需要の数%しかない。
- 中国は「中国製造2025」で半導体産業の育成を進めている。
- 当初の予定よりも進捗具合は遅れている。

経済成長とともに高まる半導体需要

中国は1970年代後半から改革開放政策をとり、経済成長の波に乗りました。1990年代には「世界の工場」となってさらなる高成長を遂げ、2003年から07年までは国内総生産（GDP）成長率で5年連続の2桁成長を記録。10年には日本を抜き、アメリカに次ぐ世界2位の経済大国となりました。そうした経済の発展とともにニーズが増大したのが半導体です。

中国における国産半導体のシェアは需要の数%しかなく、アメリカをはじめとする西側諸国からの輸出規制がなされた場合、経済が深刻な打撃をうけることは明白でした。そこで中国政府は2010年代半ばに半導体産業の育成政策を打ち出したのです。

まず2014年に国家集積回路産業発展推進綱要を発表し、半導体産業の国産化のビジョンを提示。翌年に発表した中国製造2025のなかでも半導体の国産化・量産化を中心に位置づけました。

3ステップで製造業を強化

そもそも中国製造2025とは、中国における製造業振興の長期戦略プランです。

それによると、3つのステップで製造業を強化する方針をとり、ステップ1では「2025年までに世界の製造強国の仲間入りを果たす」、ステップ2では「2035年までに世界の製造強国の中位レベルへ到達する」、ステップ3では「中国建国100周年の2049年までに製造強国トップクラスになる」という目標を掲げています。

中国製造2025の中心と考えられている半導体に関しては、国内自給率を2020年までに40%、2025年までに70%に引き上げようとし

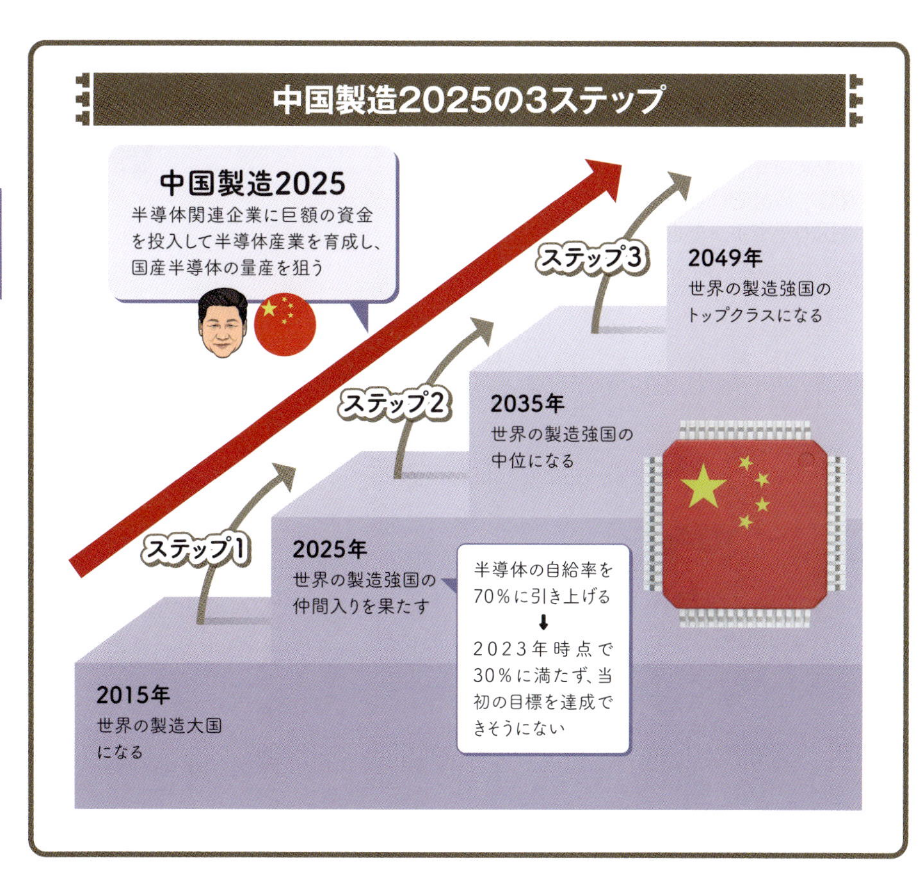

ていました。そのため、中国政府は国家集積回路産業投資基金（大基金）を設け、半導体関連企業に巨額の資金を投入しました。

しかしながら、当初の目標値には届いていません。アメリカや台湾から技術者を招いたり、海外から資材を調達したりした結果、設計、製造分野で少しずつシェアを拡大し、国内自給率はアップしましたが、2023年時点で20％台前半にとどまっているのです。その原因としては技術の習得が容易でないことや、汚職・使途不明金が発生したことなどが指摘されており、当初の目標を達成することは絶望的な状況です。

アメリカの輸出規制にも負けず

中国の半導体産業育成政策は、米中対立からも大きな影響を受けました。アメリカが輸出規制をかけたことによって、半導体の材料や製造装置などを手に入れにくくなったのです。

しかし、そんな逆境にあっても中国政府は積極的に投資を行い、国産化を推進。先端半導体の開発よりも汎用半導体の生産に力を入れ、少しずつ量産体制を築いていっています。

PART 4 国家戦略

海外進出か国内生産を続けるかの岐路に立つ台湾

「世界の半導体工場」は米中対立や中国の脅威に直面している

Point

- 台湾は「世界の半導体工場」となっている。
- 世界情勢や台湾国内の「五欠」問題で、海外進出を図る台湾の半導体メーカーが増加中。

台湾でも海外進出の動きが出てきた

台湾は今や「世界の半導体工場」です。台湾の半導体メーカーの顔となったＴＳＭＣをはじめとする多くの半導体工場が集積しており、受託生産に限った世界シェアでは7割近くを占めています。ところが近年は、大きく2つの理由から海外に工場を建設する動きが進んでいます。

理由のひとつは世界情勢の影響です。ここ数年来、米中対立の激化にともない、世界的に保護主義の傾向が強まっています。半導体も輸出入が制裁や規制の対象になってきました。また中国が台湾周辺で軍事演習を繰り返し、台湾に対して圧力をかけ続けています。こうしたなか、台湾で半導体を集中生産することはリスクでしかありません。

もうひとつの理由は台湾国内の問題です。現在、台湾では「五欠」と呼ばれる5つの不足、すなわち水・電力・土地・現場の作業者・高度人材の不足が産業界を悩ませています。その要因として半導体工場の増えすぎが指摘されており、台湾国内で増産を期すことは難しくなってきました。

これら2つの理由から、台湾の半導体メーカーは海外進出の動きを見せはじめているのです。

それでも最先端工場は台湾国内に

実際、ＴＳＭＣは日本（熊本県）に進出したほか、アメリカ（アリゾナ州）、ドイツ（ドレスデン）での工場建設を進めています。台湾のファウンドリ市場で3位のＰＳＭＣも宮城県に工場建設を計画していました（↓Ｐ36）。

ただし一方では、技術の流出を懸念して、最先端の2㎚プロセス品を新竹（しんちく）や高雄（たかお）で量産する予定もあります。現時点では、最先端品の研究開発・量産を国外で行うのは難しいという判断です。

台湾メーカーが海外に進出する2つの理由

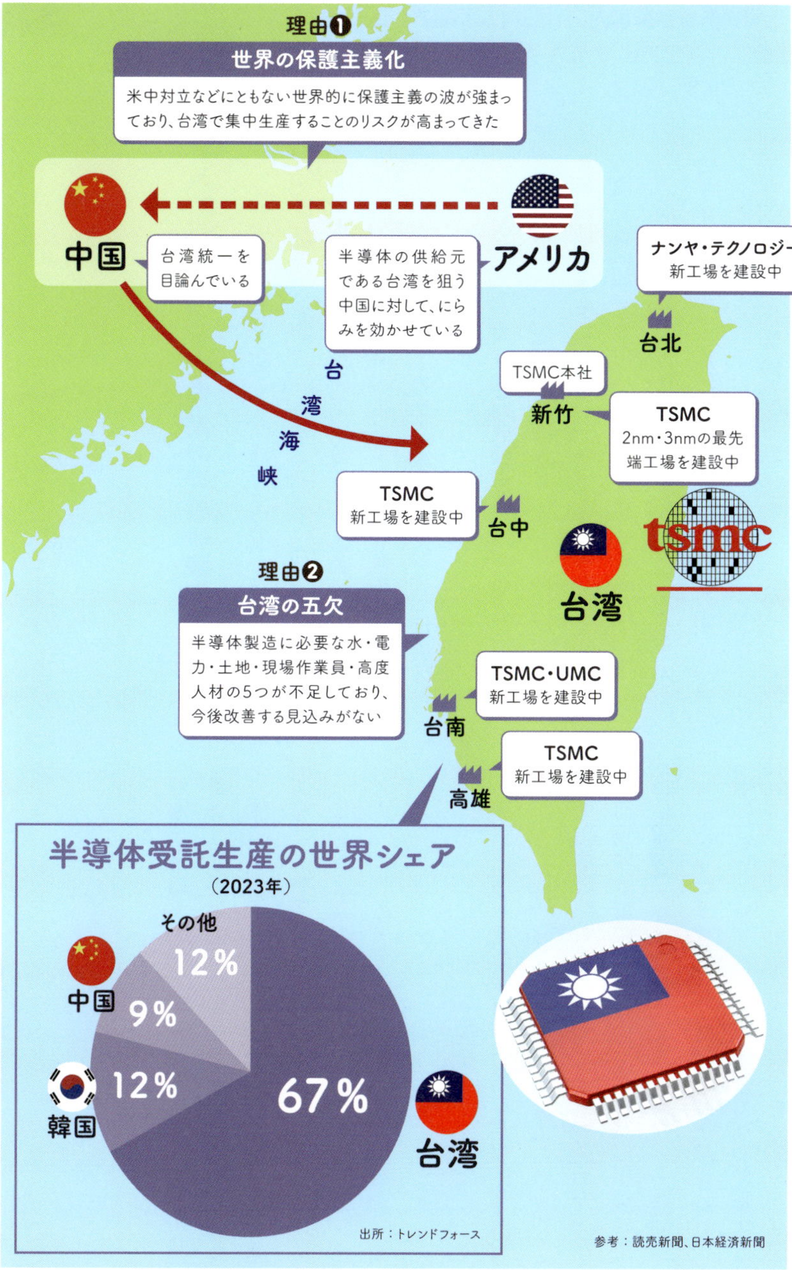

理由❶
世界の保護主義化
米中対立などにともない世界的に保護主義の波が強まっており、台湾で集中生産することのリスクが高まってきた

中国
台湾統一を目論んでいる

アメリカ
半導体の供給元である台湾を狙う中国に対して、にらみを効かせている

台湾海峡

ナンヤ・テクノロジー
新工場を建設中
台北

TSMC本社
新竹
TSMC
2nm・3nmの最先端工場を建設中

TSMC
新工場を建設中
台中

台湾
tsmc

理由❷
台湾の五欠
半導体製造に必要な水・電力・土地・現場作業員・高度人材の5つが不足しており、今後改善する見込みがない

TSMC・UMC
新工場を建設中
台南

TSMC
新工場を建設中
高雄

半導体受託生産の世界シェア
（2023年）

台湾	67%
韓国	12%
中国	9%
その他	12%

出所：トレンドフォース

参考：読売新聞、日本経済新聞

韓国が競争力強化を目指して進めるK半導体戦略とは？

半導体産業の集積地を結ぶと、ちょうど「K字形」になる

Point

- 韓国はアジア屈指の半導体大国のひとつ。
- 半導体産業の強化戦略として「K-半導体ベルト」の構築を推進している。
- 2024年12月の政治的混乱による半導体戦略への影響が懸念される。

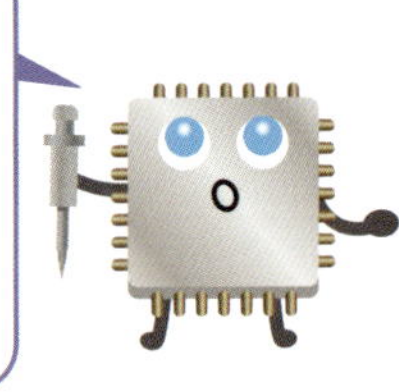

韓国はアジア屈指の半導体強国

サムスン電子、SKハイニックス、DBハイテック、A-PROといった半導体メーカーを有する韓国は、アジア屈指の半導体大国のひとつです。1990年代以降、同国の半導体産業は成長を続け、台湾と並ぶ世界の半導体供給地として名をはせました。

しかし、近年は苦境に立たされています。サムスン電子の半導体事業は2023年の決算で過去最大の赤字を記録。ファウンドリ事業でも台湾のTSMCに差をつけられてしまいました。米中対立による影響も小さくありません。このままではライバル国にさらに遅れをとってしまいます。

K字形の半導体集積地

そこで韓国は半導体産業に積極的に投資を行い、競争力の強化を図っています。

韓国政府は2021年にK-半導体戦略を打ち出しました。この戦略では2030年までに世界最大・最先端の半導体供給網「K-半導体ベルト」を構築するとしています。板橋（パンギョ）、華城（ファソン）、平沢（ピョンテク）、利川（イチョン）、龍仁（ヨンイン）などを半導体産業の集積地にするのです。各地を結ぶと、ちょうど「K字形」になることから、こう名づけられました。

さらに2047年までにサムスン電子が500兆ウォン（約55兆円）、SKハイニックスが122兆ウォン（約14兆円）を投資し、13の工場と3つの研究施設を建設する予定です。

しかし2024年12月、尹錫悦（ユンソンニョル）大統領が突如戒厳令を発するなど、韓国は政治的に混乱してしまいました。そうした状況が長期的な展望を要する半導体の産業政策、さらには国際的な協力関係へ影響するのが懸念されるところです。

K-半導体ベルトで競争力を強化する

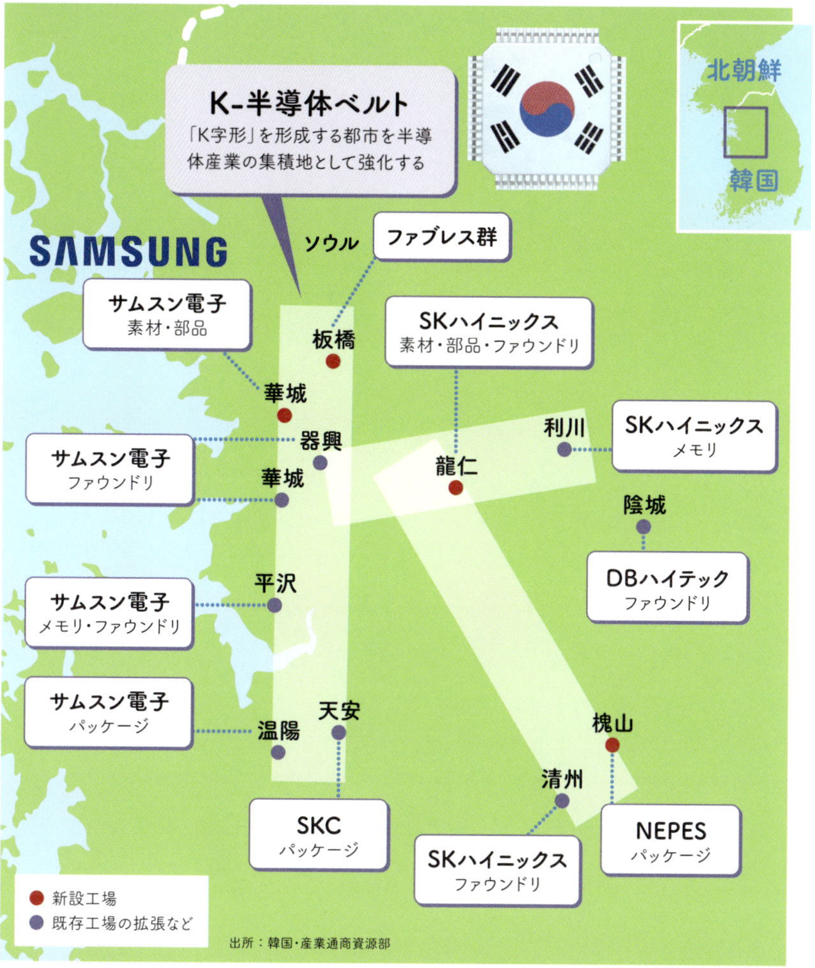

K-半導体ベルト
「K字形」を形成する都市を半導体産業の集積地として強化する

北朝鮮
韓国
SAMSUNG
ソウル
ファブレス群
サムスン電子
素材・部品
板橋
SKハイニックス
素材・部品・ファウンドリ
華城
器興
サムスン電子
ファウンドリ
華城
利川
SKハイニックス
メモリ
龍仁
陰城
DBハイテック
ファウンドリ
平沢
サムスン電子
メモリ・ファウンドリ
サムスン電子
パッケージ
温陽
天安
槐山
清州
SKC
パッケージ
SKハイニックス
ファウンドリ
NEPES
パッケージ
● 新設工場
● 既存工場の拡張など

出所：韓国・産業通商資源部

半導体こぼれ話　メモリが韓国の半導体産業の強み

韓国において、半導体は輸出額に占める割合が最大の品目です。半導体のなかでもとくに強いのがメモリ。サムスン電子とSKハイニックスの韓国半導体2大巨頭がDRAMとNAND型フラッシュメモリの双方のトップ2で、2社だけで世界シェアの約6割を占めています。ただし、輸出の中国依存度が高い点が懸念材料となっています。

ラピダスが日本の半導体復活戦略のカギとなる

先端半導体の国産・量産化実現のため官民で進める大型プロジェクト

Point

- 日本は3ステップによる半導体産業強化戦略を推進中。
- 官民共同によるラピダスを設立した。
- ラピダスは2027年に2nm半導体の量産化を目指している。

半導体産業の危機打開を目指す

日本の半導体産業は、かつては世界をリードする存在でした。しかし、1980年代後半のピーク時から世界市場でのシェアを減らし続け、このままでは近い将来にシェアがなくなってしまうとも予想されています。現在、日本の半導体産業は危機に瀕しているのです。

そうした状況にあって、日本政府も手をこまねいているわけではありません。2021年には経済産業省が3段階による復活戦略を提唱しました。ステップ1では2025年を目処に「IoT用半導体生産基盤の緊急強化」を進めます。これにより、台湾のTSMCの日本進出が助成されるなどしました。ステップ2では2020年代後半を目標に「日米連携プロジェクトで次世代半導体技術の習得・国内での確立」がなされ、ステップ3では2030年以降に「グローバルな連携強化による光電融合技術などの将来技術の実現」が行われます。

そのステップ2の成否において、大きなカギを握ると目されているのがラピダス（Rapidus＝ラテン語で「速い」という意味）です。

2nm半導体の量産化を目指すラピダス

ラピダスは先端半導体の国産化を実現するため、元日立製作所の小池淳義（こいけあつよし）社長と元東京エレクトロンの東哲郎（ひがしてつろう）会長を中心として、2022年8月に設立されました。日本政府に加え、国内の大手企業8社（トヨタ自動車、NTT、ソニー、キオクシア、NEC、ソフトバンク、デンソー、三菱UFJ銀行）が出資する大型プロジェクトで、社名のとおり半導体の製造時間を現状より大幅に短縮し、付加価値を高めることを目指しています。

ラピダスによる最先端半導体の国産化計画

参考：東洋経済、時事通信

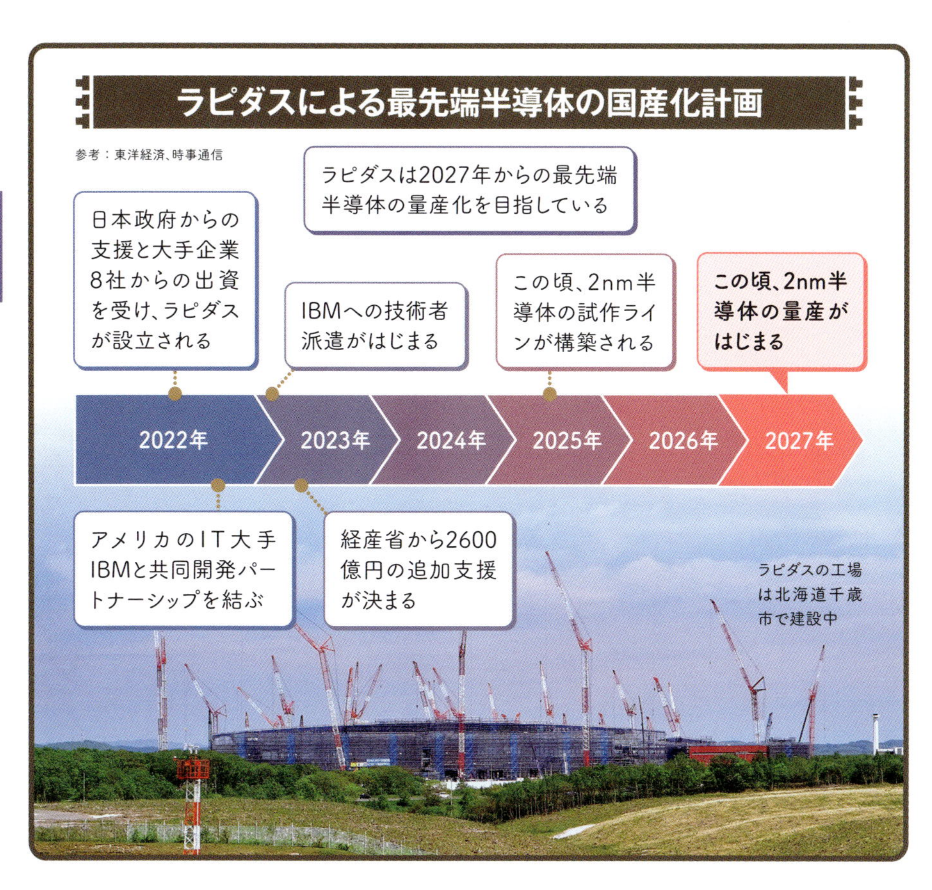

日本政府からの支援と大手企業8社からの出資を受け、ラピダスが設立される
ラピダスは2027年からの最先端半導体の量産化を目指している
IBMへの技術者派遣がはじまる
この頃、2nm半導体の試作ラインが構築される
この頃、2nm半導体の量産がはじまる
2022年
2023年
2024年
2025年
2026年
2027年
アメリカのIT大手IBMと共同開発パートナーシップを結ぶ
経産省から2600億円の追加支援が決まる

ラピダスの工場は北海道千歳市で建設中

現在、ラピダスが進めているのは2nm半導体の量産です。ラピダスと共同開発パートナーシップを結んでいるアメリカのIT大手IBMは、2021年にGAA構造と呼ばれる2nm世代の最先端プロセス技術の開発に成功。その2nm半導体を量産するため、ラピダスは尽力しているのです。

すでに北海道千歳（ちとせ）市で工場建設が進んでおり、今後は2025年から試作を開始、2027年から量産製造を実施する計画となっています。さらに将来的には2棟目、3棟目の工場を建設して製造力を拡張していく方針です。

期待は高いが課題は山積

ラピダスのプロジェクトに対しては、2024年時点で、国から9200億円が投じられていますが、資金はまだまだ十分ではありません。

最先端の工場を建設したり、設備投資を継続的に行ったりするためには、10年間で5兆円ともいわれる財源が必要です。また、エンジニアの確保や顧客とのビジネスモデルを確立することも課題とされています。国家規模でのプロジェクトの行方に大きな注目が集まります。

PART 4
国家戦略

半導体の安定確保のため欧州半導体法を制定したEU

巨額の補助金支援により、生産能力シェアを20%に上げる

Point

- 欧州地域は半導体生産能力があまり高くない。
- 欧州半導体法を制定し、半導体産業への投資を実施している。
- TSMCなどが欧州進出をはじめた。

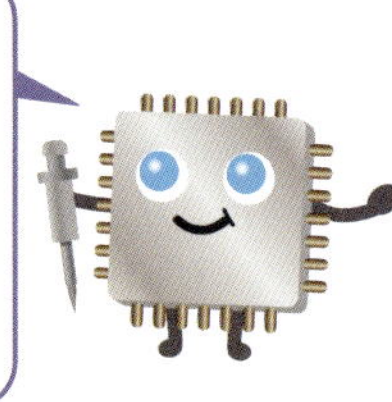

半導体生産能力を20%までアップする

日本進出が大きな話題になったTSMC。その台湾随一の半導体メーカーが2023年8月にドイツへの進出を発表しました。これはEU(欧州連合)諸国の半導体安定確保に貢献する動きと期待され、欧州半導体法による巨額の補助金が支給されることになりました。

EUにも有力な半導体企業があります。半導体製造装置メーカーのトップであるオランダのASMLをはじめ、スイスのSTマイクロエレクトロニクス、ドイツのインフィニオン・テクノロジーズ、オランダのNXPセミコンダクターズなどです。しかし半導体生産能力を見ると、欧州地域のシェアは年々低下が続いており、現在は10%程度しかありません。半導体が経済や安全保障を左右する時代にあって、こうした状況では極めてリスキーです。

そこでEUは、ヨーロッパ地域での半導体生産能力の拡大を目指し、2023年に欧州半導体法を制定しました。半導体産業に430億ユーロ(約6兆円)を投資し、30年までに世界シェアを少なくとも20%にアップさせようというのです。

欧州各地で投資が加速しはじめた

欧州半導体法はヨーロッパ各地で半導体生産能力の拡大に向けたさまざまな動きを促しました。たとえば、STマイクロエレクトロニクスがイタリア・カターニアでのSiCウエハのパワー半導体製造に投資したり、インフィニオン・テクノロジーズがドイツ東部のドレスデンに位置する300㎜ウエハのパワー半導体製造に投資したりしています。

そして、それら以上に注目を集めているのが冒

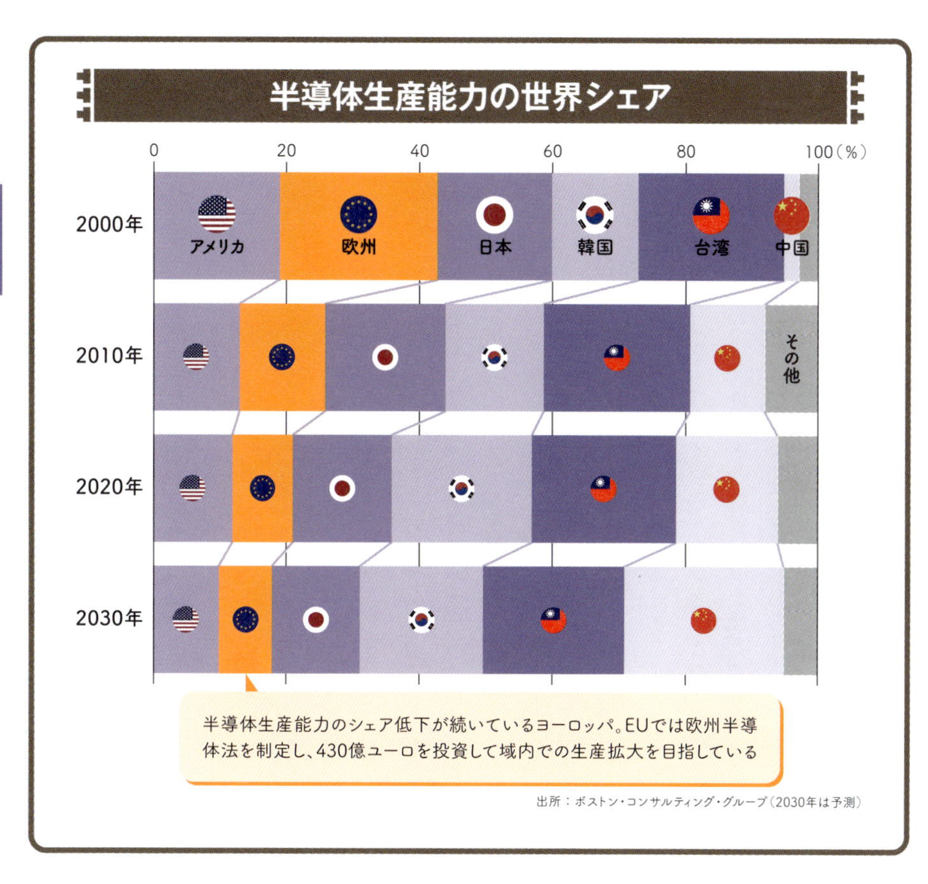

頭に述べた台湾のTSMCのドイツ進出です。

2027年末までに量産開始

TSMCが欧州初進出の地として選んだのはドイツのドレスデンでした。2024年8月に製造工場建設の起工式が行われ、27年末までの量産開始が予定されています。

投資総額は100億ユーロ超にのぼる見込みですが、その半分の50億ユーロは欧州半導体法による補助金が充てられます。

TSMCドレスデン工場を運営するのはESMC（European Semiconductor Manufacturing Company）。ESMCにはTSMCが70%を出資し、残りをドイツの自動車部品大手ボッシュとインフィニオン・テクノロジーズ、オランダの半導体大手NXPセミコンダクターズの3社が10%ずつ出資します。半導体の生産品目は28／22㎚プレーナCMOS（シーモス）、16／12㎚FinFET（フィンフェット）などで、生産規模としては300㎜ウエハ換算で1ヶ月あたり4万枚とされています。

TSMCの進出が欧州地域での半導体生産の起爆剤となるか、世界中から注目されています。

躍進するインドは新たな半導体大国になれるか？

極端な中国依存から脱却し、半導体の国産化を目指す

Point

- インドは半導体供給の多くを中国に頼ってきたが、現在は国産化を進めている。
- インド半導体ミッションによる支援を受け、新工場建設などの大型プロジェクトが行われている。

もう中国には頼らない

中国とともにアジアの牽引役として期待される新興大国のインド。約14億4000万人を誇る人口は中国を抜いて世界一、経済では2025年のGDP（国内総生産）が4兆3398億ドルとなり、日本を抜いて世界4位に浮上するといわれています。そんな将来有望なインドで、半導体をめぐる動きが活発化してきています。

これまでインドは、半導体をライバルである中国からの輸入に頼ってきました。しかし、米中対立で半導体の供給が滞るなか、モディ首相は半導体の国内製造に向けて舵を切ったのです。

国内で半導体製造を完結させる

2021年、インドは「インド半導体ミッション（ISM）」を発表。7600億ルピー（約1兆3000億円）の支援を行い、半導体製造を国内で完結できる体制を構築することにしました。

これを受け、2023年に3つの大型プロジェクトが立ち上がりました。そのひとつはタタ・グループ傘下のタタ・エレクトロニクスと台湾のPSMCがタッグを組み、インド初のウエハ製造工場を建設するもので、1ヶ月あたり5万枚の生産を目指します。さらにインドのCGパワー&インダストリアルソリューションズが日本のルネサスエレクトロニクスなどと組立・テスト工場を建設するほか、アメリカのマイクロンやイスラエルのタワーセミコンダクターが工場建設計画を進めています。

2032年までに3倍以上に膨れ上がると予想されるインドの半導体産業の市場規模。インフラ整備や人材確保などの課題もありますが、世界は新たな製造拠点として期待をかけています。

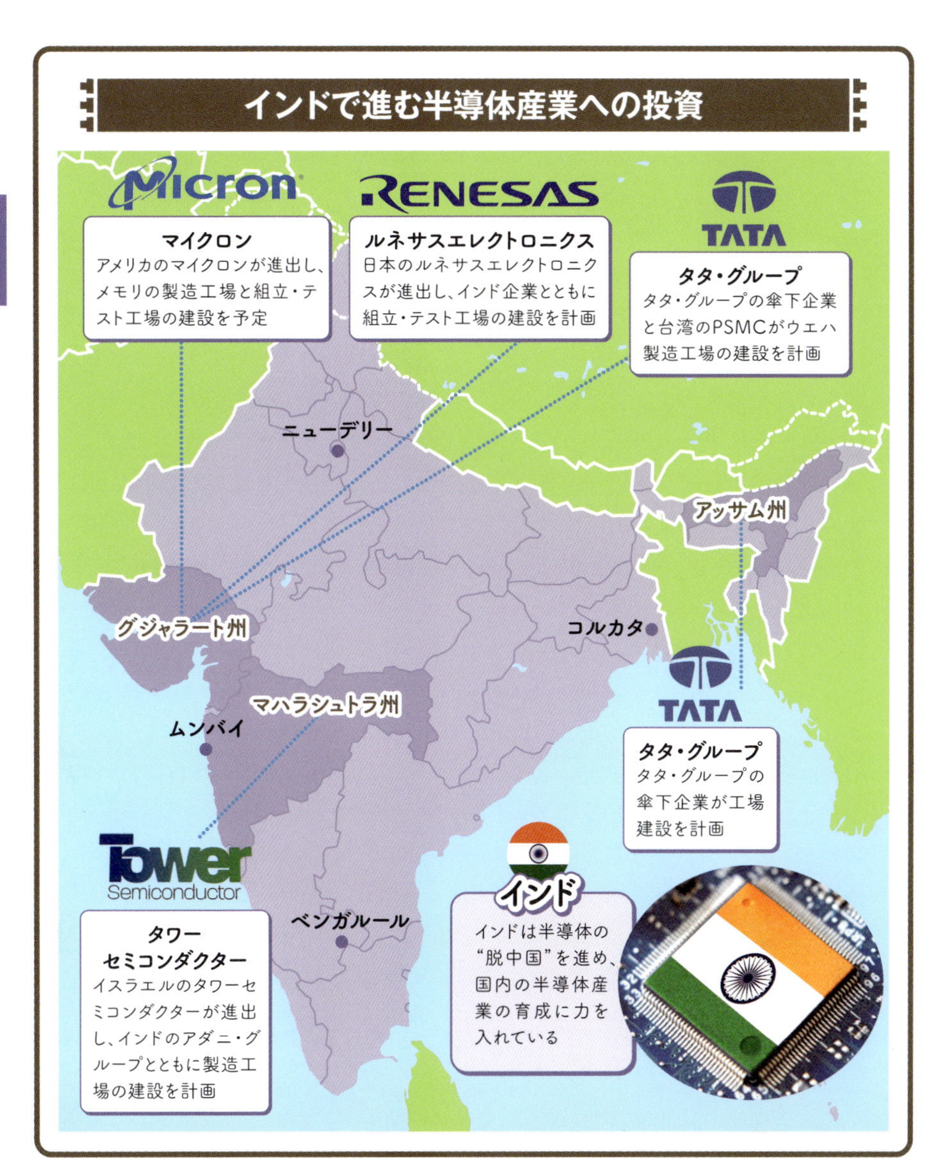

半導体こぼれ話　資源開発企業も半導体事業に乗り出した

インドにはアルミニウムなどの開発を手がける資源大手のベダンタという企業があり、政府の半導体振興策に後押しされ、半導体事業を開始することにしました。しかし、ベダンタとタッグを組む予定だった台湾のフォックスコンが撤退することになってしまい、当初の工場建設予定が頓挫。インド初のファウンドリ企業の立ち上げに暗雲が立ち込めてしまいました。

Column

半導体の歩み④

日本の落日と韓国、台湾の台頭

なぜ日本の半導体産業が衰退し、韓国や台湾が伸びたのか?

日本の半導体産業は1980年代後半に黄金期を迎えました。しかし1990年代以降、シェアが低下し、次第に存在感を失っていきます。1988年に50.3%あったシェアが、2000年までに30%ほどになり、2019年には10%ほどに凋落してしまったのです。

その要因はひとつではなく、さまざまな事象が複合的に重なったものと考えられています。

たとえば、日米半導体協定です。これは1986年に日米間で締結された協定で、日本製半導体を採算を度外視した低価格で投げ売りすることを防ぐことが目的でした。さらに1991年の改訂時には、日本の半導体市場における外国製半導体のシェアを20%以上にするという購買義務が設けられました。この協定によって日本の半導体企業の勢いは衰え、当時国を挙げて半導体産業の育成を推進しようとしていた韓国や台湾の半導体企業のシェア拡大につながったのです。

また、バブル崩壊も大きく影響しました。のちに「失われた30年」と呼ばれる未曽有の不況が到来したことで、多くの企業が主軸である電機事業のほうに注力し、電機事業の一部門にすぎない位置づけの半導体事業に対しては大規模な投資を控えるようになりました。そのため、研究開発や技術の進歩が止まってしまったのです。

こうして日本の半導体産業が斜陽化するなか、韓国や台湾が勢いを増していきます。

韓国のサムスン電子には李健熙(イゴンヒ)、台湾のTSMCにはモリス・チャン(張忠謀)という強烈なリーダーシップの持ち主がおり、彼らの明確なビジョンのもとで、リスクを恐れない大胆な投資や施策が行われました。その結果、両社は大きく躍進。それに引っ張られるように他社も業績を伸ばしました。

現在、アジアの半導体大国といえば韓国や台湾を指し、日本はかつての大国とみなされています。

PART 5

やさしく解説 半導体のしくみと工程

一目でわかる! 半導体製造の流れ

製造 | 半導体チップの基板となるシリコンウエハをつくる

❶ケイ石を用意

海外で産出する高純度のケイ石を材料として用意する

❷インゴット製造

CZ 法を使い、単結晶シリコンの棒状の塊（インゴット）をつくる

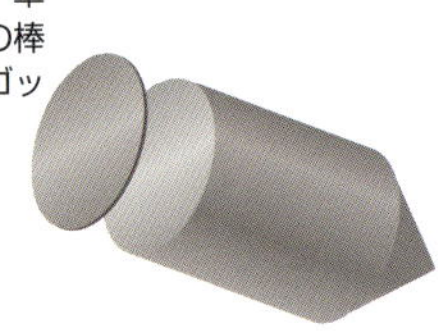

❸スライス

ワイヤーソーなどで単結晶シリコンインゴットをスライスする

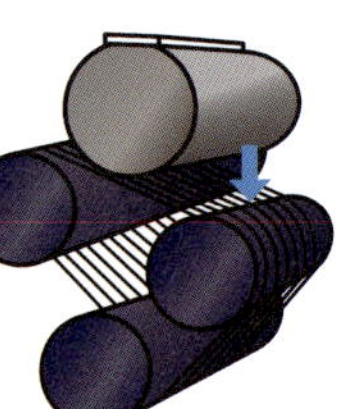

❹研磨

ダイヤモンド砥石などで表裏面、外周を研削・研磨する

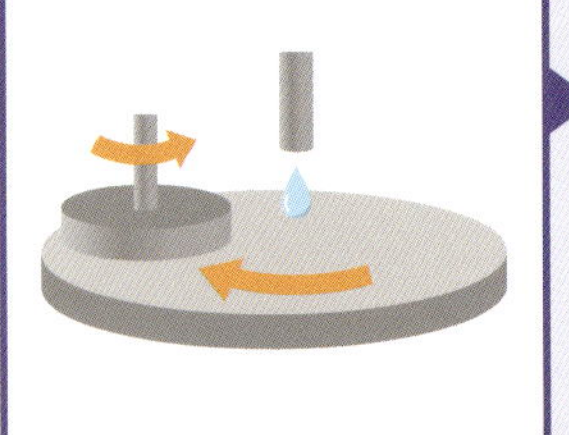

❺洗浄

薬剤や超純水で洗浄して仕上げる

❻シリコンウエハ

半導体の基板となるシリコンウエハができ上がる

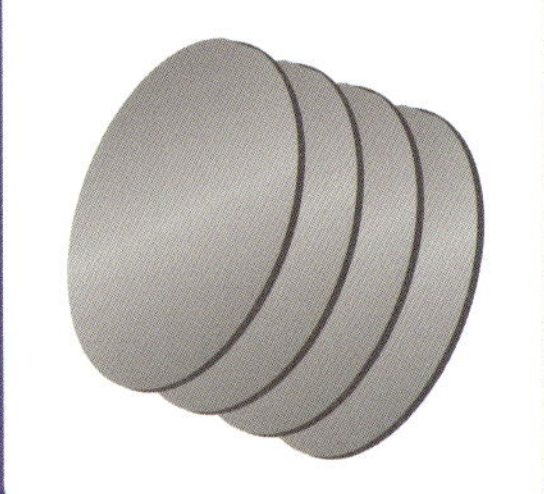

設計 | どんな半導体をつくるのかを決め、その設計を行う

❶仕様設計

半導体の処理速度や消費電力、サイズ、コストなどを決める

❷機能設計

仕様設計を実現するために必要な機能をブロックごとに設計

❸論理設計

各機能のブロック図を回路として表現する

❹回路設計

論理設計でつくったブロック図をトランジスタレベルに落とし込む

❺レイアウト設計

回路設計でつくったものを効率よく配置したレイアウトを設計する

❻フォトマスク作成

レイアウトをもとに回路パターン（フォトマスク）をつくる

前工程　シリコンウエハの上に回路を形成し、チップをつくる

❶成膜
ウエハを洗浄して異物を除去し、薄膜の層をつくる

❷レジスト塗布
ウエハの表面にフォトレジストという感光剤を塗る

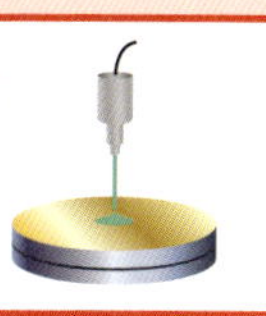

❸露光
フォトマスクとレンズを重ねて回路パターン（薄膜）を転写

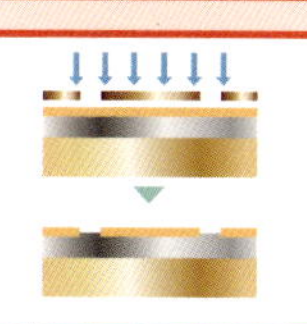

❹エッチング
ガスや薬液で余分な薄膜やフォトレジストを除去する

❺不純物注入
ウエハの表面にイオンを打ち込み、電気が流れやすくする

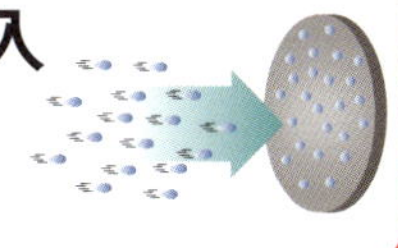

❻熱処理
不純物注入で崩れたシリコンの結晶構造を熱処理で回復させる

❼平坦化
化学的・機械的作用を合わせたCMP装置を使い、薄膜の凹凸を除去

❽検査
チップに電気信号を入力して検査を行い、不具合の有無を調べる

※①〜⑧の工程を何度も繰り返す

後工程　チップを1個1個切り出してパッケージ化する

❶ダイシング
ウエハ上につくり込まれたチップを、1個ずつ切り離す

❷ダイボンディング
切り離した個々のチップを、リードフレームに接着する

❸ワイヤーボンディング
固定されたチップとリードフレームの端子を金属線でつなぐ

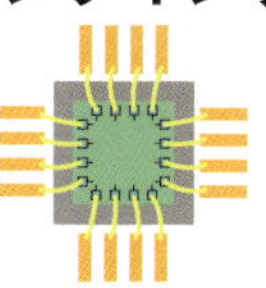

❹モールディング
チップを保護するため樹脂で封止した後、チップを切り離す

❺マーキング
チップにマーキングを施し、識別番号やロゴを印字する

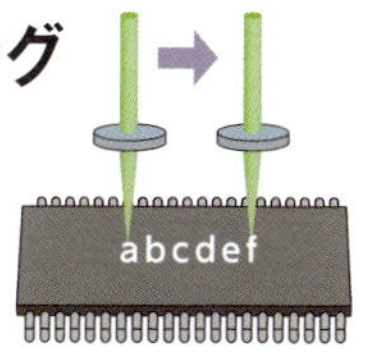

❻検査
信頼性検査と呼ばれる最終検査を行い、合格したものを出荷

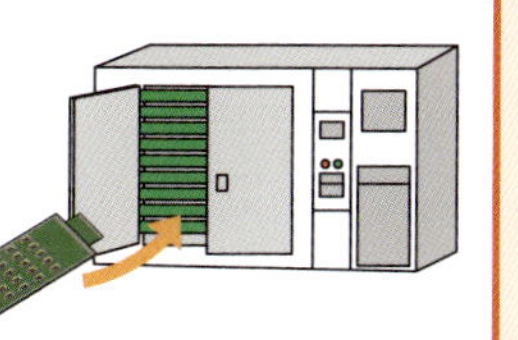

半導体は何に使われているのか？

パソコン、スマホ、家電、自動車、ロボット……幅広い半導体の用途

Point

- 半導体はパソコン、スマホ、電化製品、自動車など、ありとあらゆる分野で使われている。
- 半導体がないと、現代社会は成り立たない。

半導体なしで社会は成立しない

半導体はあらゆる分野で使われており、現代社会は半導体なしに成り立ちません。それは日本に限らずどの国でも同じで、半導体は世界経済を牽引する超重要物資となっています。

半導体が具体的にどこに使われているのかというと、パソコン、スマートフォン、電化製品、自動車、鉄道車両、各種ロボット、発電所などさまざまな分野であらゆる機器に搭載されています。日常生活において半導体そのものを直接目にする機会はそう多くありませんが、身近なところにあふれているのです。

みえないけれど、あふれている

パソコンを例に見てみると、データを処理するCPU（中央演算処理装置）や情報を記憶するメモリなどに多数の半導体が使われており、パソコンそのものが〝半導体のかたまり〟と言っても過言ではありません。

スマホも同じです。筐体を開けると、基板上にCPUやメモリ、5GやWi-Fiなどの通信用に使う半導体、カメラに使うイメージセンサやジャイロセンサなどを見つけることができます。

自動車にも半導体が欠かせません。自動運転に貢献しているほか、動作の制御や情報の処理、電力の供給などを担っています。

ほかにテレビや冷蔵庫、エアコンなどの家電では、制御を行うマイコンや省エネのためのパワー半導体が使われています。さらに最近、ChatGPT（チャットジーピーティー）などの生成AI（人工知能）がすさまじい勢いで進化しているのも半導体のおかげです。

今や世界全体に求められている半導体。その重要性は今後よりいっそう高まっていくでしょう。

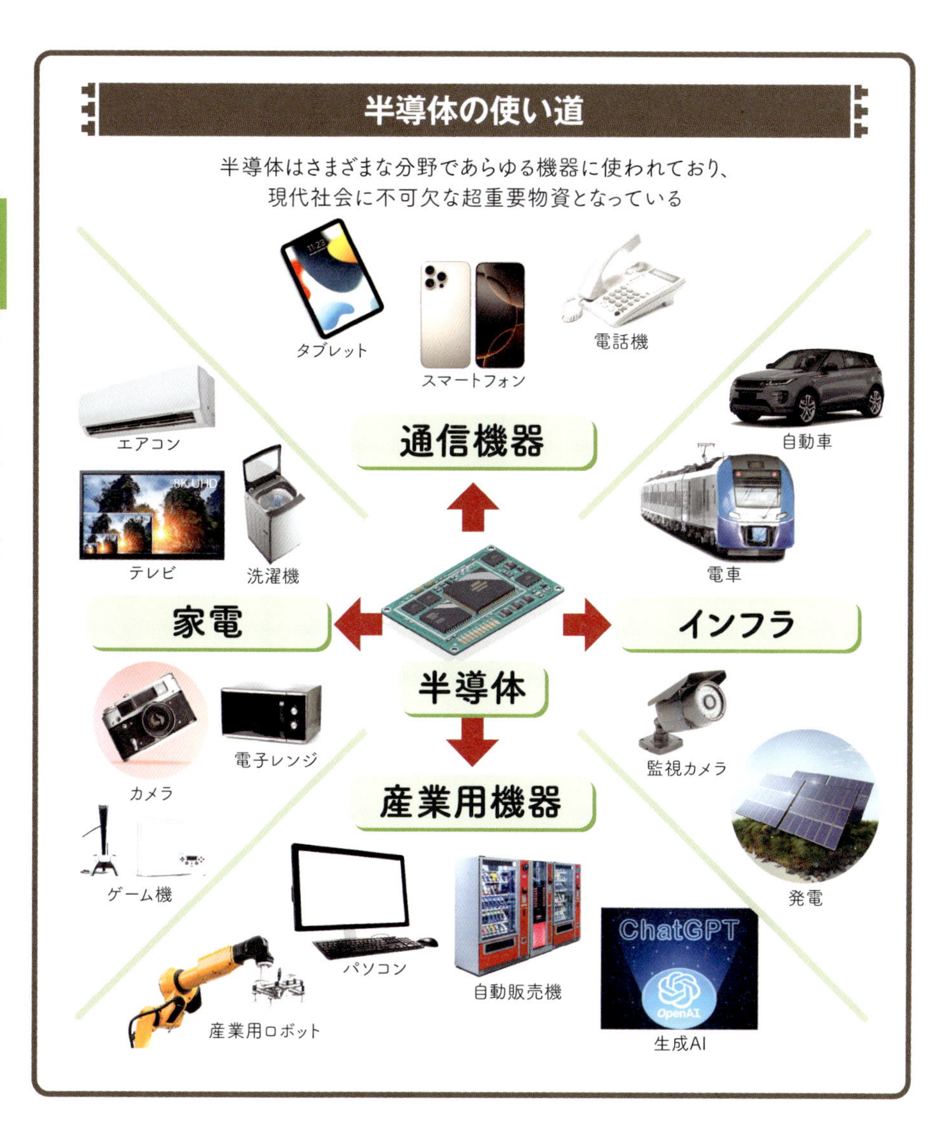

半導体こぼれ話 半導体の主な種類

「半導体」とひと口に言っても、いくつかの種類があり、役割もそれぞれ異なります。ロジック半導体は演算処理をする半導体。その機能をひとつのIC（集積回路）とし、パソコンやスマートフォンにCPUとして搭載されたり、AIや自動運転に利用されたりしています。メモリは情報を記憶・保存する半導体です。フラッシュメモリやメモリーカードなどの記憶媒体に使われています。アナログ半導体はアナログ信号をデジタル信号に相互に変換する半導体。オーディオ機器やセンサなどに利用されています。

PART 5
しくみ・製造工程

半導体はどこがすごいのか？

増幅・スイッチ・変換の3つの機能をもつ優れた物質

Point

- 半導体は導体と絶縁体の中間の性質をもつ。
- 半導体の機能としては、増幅・スイッチ・変換という3つがある。

導体と絶縁体の中間の性質をもつ

半導体のニーズが右肩上がりで高まり、世界を席巻するようになった理由は何でしょうか？ それは半導体が優れた機能をもっているからです。

そもそも半導体とは電気を通す導体（どうたい）と電気を通さない絶縁体（ぜつえんたい）の中間に位置する物質のことで、電気を通す性質・通さない性質の両方を備えています。現在はほとんどの半導体がシリコン（Si）という材料でつくられており、電気の流れやすさを意図的に制御することによって、増幅・スイッチ・変換といった機能を実現しています。

半導体の主要な3つの機能

ひとつ目の増幅は、小さな電気信号を大きくする機能です。入ってきた信号の波形を変えずに大きくすることができます。声を大きくするマイクを想像してください。この機能が半導体の発明当初に求められていたものでした（↓P40）。

2つ目はスイッチ機能です。部屋の電気のスイッチを思い浮かべてみましょう。半導体を使うと電気信号を流したり（オン）、止めたり（オフ）を高速で切り替えることができます。この機能が計算や情報の記憶を可能にします（↓P112）。

3つ目は変換機能です。力や光を電気信号に変えたり、逆に電気信号を力や光に変えたりする機能です（光電変換）。たとえば太陽電池は半導体でつくられており、光を電気信号に変えて発電しています。スマートフォンのカメラも、イメージセンサという半導体が光を電気信号（画像）に変えています。さらに信号機や照明に利用されている発光ダイオードは電気信号を光に変えています。

こうした機能を極小スペースで実現できるからこそ、半導体は多方面で活躍できているのです。

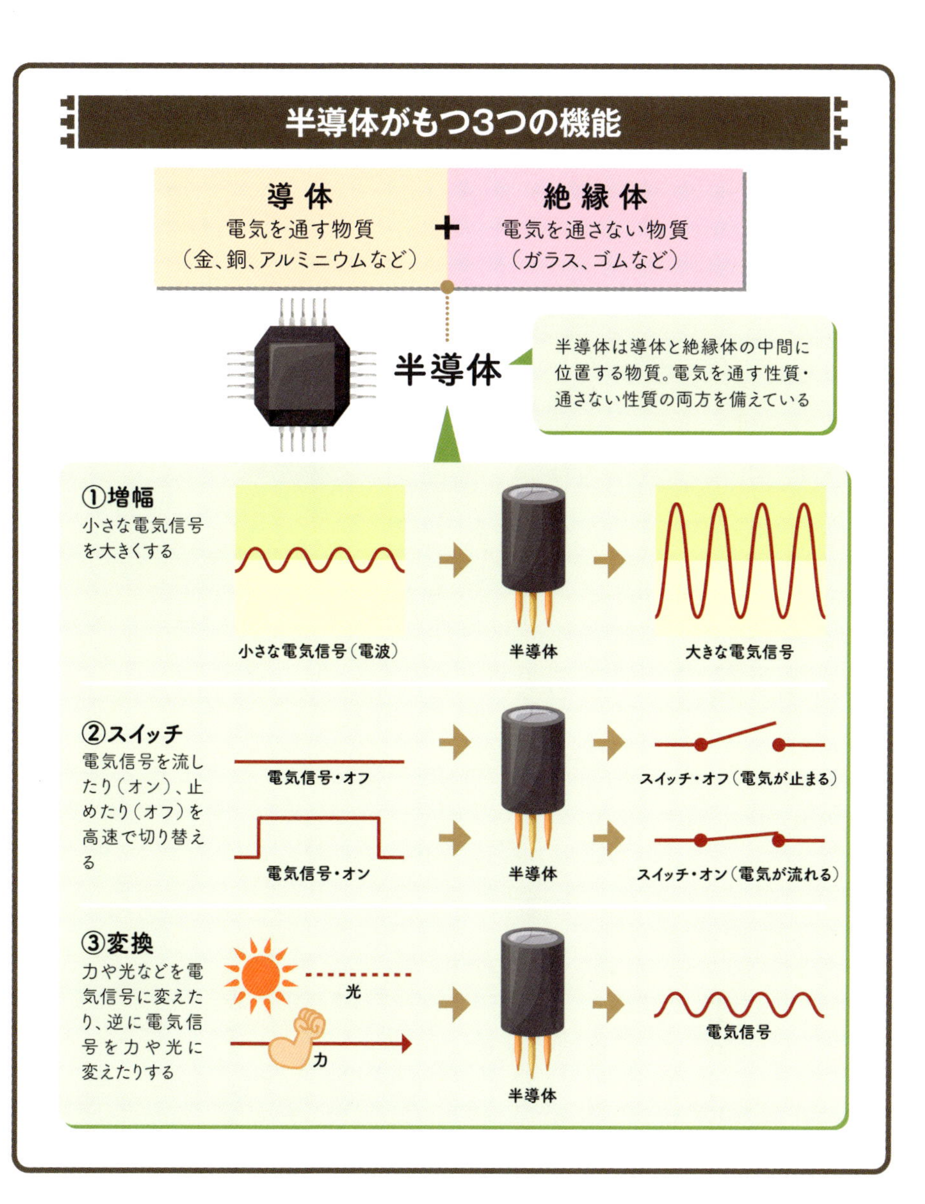

半導体こぼれ話　半導体が存在しなかった時代

今では半導体が当たり前のように使われていますが、1947年に半導体が開発される前は真空管が広く用いられていました。1884年に発明された真空管は、ガラス管の内側が真空であることからそう呼ばれ、増幅などを行うことで、回路に流れる電気の量を制御します。半導体に比べて多くの欠点がありましたが、電気を操るという意味では同じ役割を担っていたのです。

半導体の原理を知る

スイッチ機能が可能にする計算や記憶ができる原理

Point

- 半導体のスイッチ機能が計算や情報の記憶を可能にする。
- 計算・記憶をする際には、トランジスタとキャパシタが重要な役割を果たす。

0と1で情報を表現する

半導体の重要なはたらきとして、計算と情報の記憶が挙げられます。どちらも半導体のスイッチ機能がもたらすものです。

そもそもコンピュータでは、私たちがふだん目にする文章や写真、動画といった情報がすべて2進数によって表現されています。日常生活では主に10進数が使われており、0から9まで進むと桁が上がって10になります。これに対して2進数では0と1だけで数を表現し、0、1の次は桁が上がって10、11、そしてまた桁が上がり100、101、110、111と続きます。

コンピュータは電気の流れを使って情報を処理しており、電気が流れている状態を1、流れていない状態を0として表現します。こうした表現に半導体のスイッチ機能が使われており、トランジスタがスイッチ機能を担っています。

トランジスタとキャパシタが重要

計算は、複数のトランジスタを組み合わせた論理回路を使って行われます。論理回路はある入力に対して決められた出力をするため、足し算や引き算などの基本的な計算が可能になります。スマートフォンやパソコンでは、膨大な論理回路を集積したCPUで計算が行われます。

一方、情報の記憶にはトランジスタとキャパシタが使われます。キャパシタとは電気を蓄えられる素子（デバイス）のことで、蓄えた電気のあり・なしで情報の0と1を表現します。そのキャパシタに蓄える電気の出し入れを、トランジスタで行います。これが情報を記憶するメモリの原理となっています。

半導体を使って計算・記憶をする

計算するしくみ

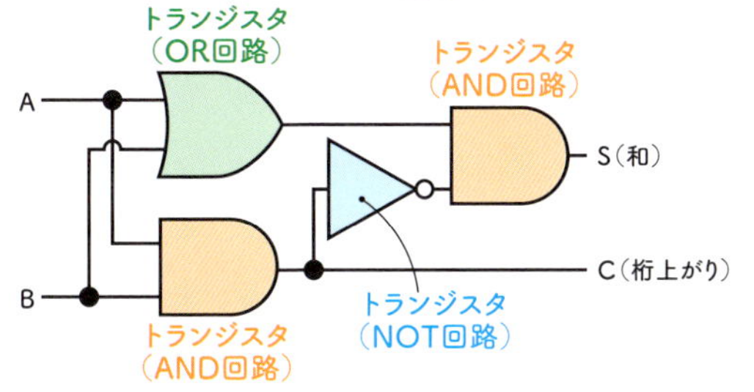

入力		出力	
A	B	S	C
0	0	0	0
0	1	1	0
1	0	1	0
1	1	0	1

AND回路（論理積：2つの入力がどちらも1であるときに出力が1である回路）、
OR回路（論理和：2つの入力のどちらが1であるときに出力が1である回路）、
NOT回路（論理否定：入力が1であるときに出力が0である回路）

計算は複数のトランジスタを組み合わせた論理回路によって行われる。上図は3種類のトランジスタ（NOT回路、OR回路、AND回路）で構成された半加算器。これによって2進数の加算ができる

記憶するしくみ（DRAM）

トランジスタ（MOSFET）　キャパシタ

「1」を書き込む

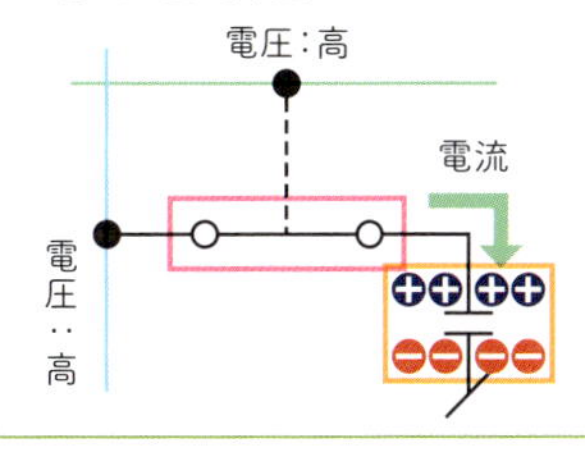

トランジスタがONになると電流が流れ、キャパシタに電荷が蓄えられる

「0」を書き込む

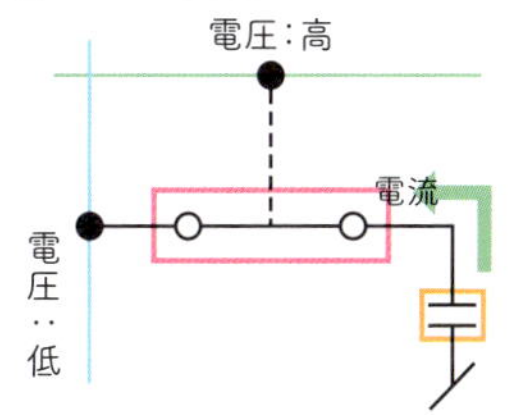

トランジスタがONになると、キャパシタに蓄えられていた電荷がなくなる

「1」の記憶を保持する

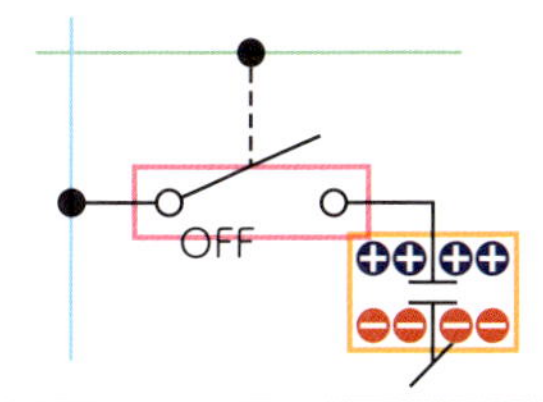

トランジスタがOFFになると、キャパシタに電荷が蓄えられている状態が保持される

「0」の記憶を保持する

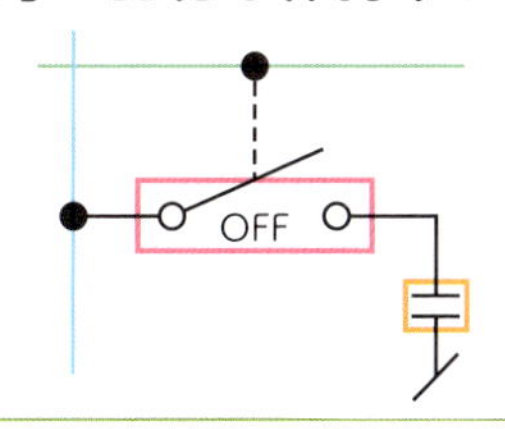

トランジスタがOFFになると、キャパシタに電荷がない状態が保持される

参考：『図解雑学 最新半導体のしくみ』西久保靖彦（ナツメ社）

PART 5
しくみ・製造工程

ニーズが高まるパワー半導体

「力」が大きいわけでなく、大きな電力や高い電圧を扱える半導体

Point

- パワー半導体は電力の制御や変換を行うデバイスを指す。
- パワー半導体は電化製品、太陽光発電、自動車・鉄道などに使用されている。

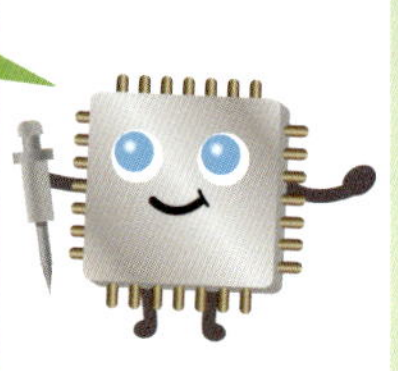

電力の制御や変換を行う

半導体にはさまざまな種類がありますが、近年、大きな注目を集めているのがパワー半導体です。

ここでいう「パワー」とは電力を指し、電力の制御や変換を行うデバイスをパワー半導体と呼んでいます。大型の家電や産業機器、鉄道車両、さらに太陽光発電や電気自動車など多様な分野で利用されており、環境意識が高まるなか、脱炭素化やカーボンニュートラルといった文脈でもニュースなどに取り上げられるようになりました。

パワー半導体で電力変換をする

電気の流れ方は、直流と交流の2つに分かれます。まず直流は、電気の向きと大きさが常に一定で変化しません。身近なところでは乾電池が挙げられます。家電製品のリモコンのように、乾電池を使う製品がプラスとマイナスの向きを間違えると動作しないのは、電気の流れる向きが決まっているからです。一方、交流は電気の向きと大きさが変化します。交流の電気は周期的にプラスとマイナスが変わるため、家庭用のコンセントなどは差す向きに注意する必要がありません。この直流と交流とを変換する回路に、パワー半導体が使用されているのです。

たとえば一般家庭に届いた電力で家電製品を動かす場合、パワー半導体が交流の電気を直流に変換しています。

あるいは電気自動車やハイブリッド車はバッテリーに充電した電気を動力源にしていますが、バッテリーの直流の電気を使ってモータを動かすためには、交流に変換する必要があります。ここで使われるインバータのなかに、パワー半導体が使用されています。

パワー半導体の使用例

①電線からの電力を変換する

8K UHD
4K UHD
FHD
SD
一般家庭への電力は交流で届けられる
直流の電気を動力源として家電製品が動く
+
0
−
電圧
交流
直流
時間
パワー半導体
家電製品の多くは直流で動作するため、交流のままでは使用できない
パワー半導体が交流の電気を直流に変換する

②電気自動車のモータを動かす

バッテリーに受電した電気を動力源にしている
モータ
パワー半導体
整流
電圧変換
交流
直流
電気自動車
パワー半導体が交流の電気を直流に変換する。さらにモータに必要な電圧に変換する
バッテリーの電気は直流。モータを動かすには交流に変換しなければならない

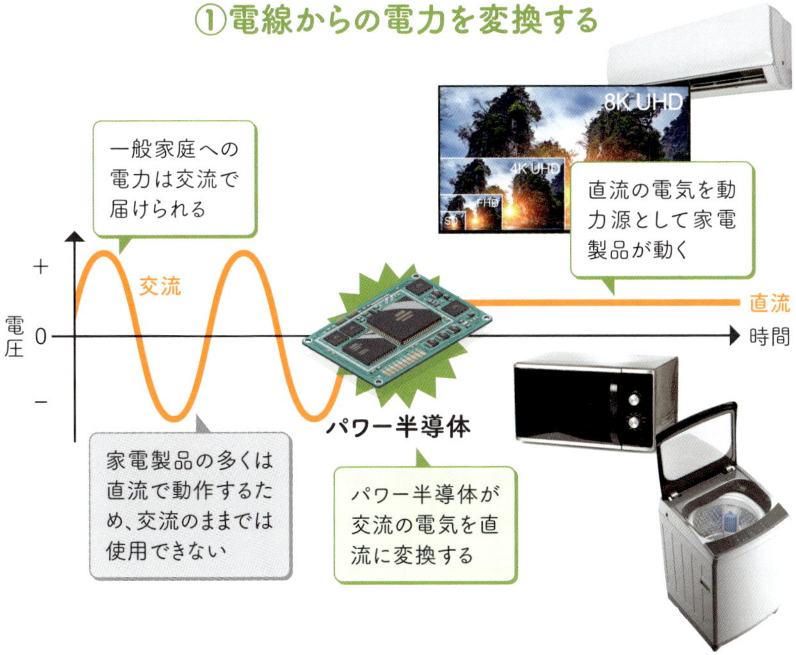

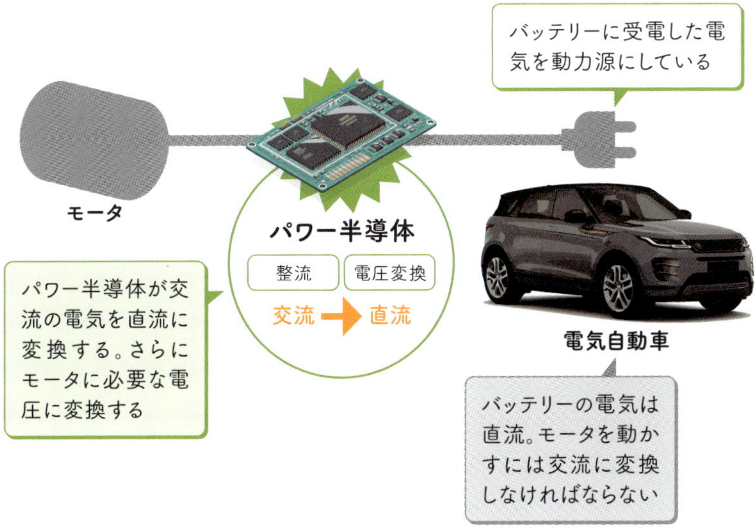

半導体のつくり方①

どんな半導体をつくるか設計することからはじまる

Point

- 半導体の製造プロセスは前工程と後工程を中心に多数の工程に分かれている。
- 前工程の前に、設計の作業を済ませなければならない。

年単位の時間がかかることもある

半導体製造は多数の工程に分かれています。マーケティングをもとに企画を立て、設計を行い、シリコンウエハを調達し、前工程・後工程を踏んで完成したものを最終検査にかけて出荷する、といった流れになります。

設計から完成までにかかる時間は、最新の機器と高度な技術を有するエンジニアをもってしても、年単位という長い時間を必要とするケースが少なくありません。そんな半導体の製造プロセスを大まかにみていきます。

まずどんな半導体にするかを考える

製造プロセスの中心はシリコンウエハの上にチップをつくり込む前工程（→Ｐ１２０）と、チップを切り出してパッケージ化する後工程（→Ｐ１22）です。ただし前工程に入る前に設計を行わなければいけません。

設計の作業は、どんな半導体をつくるのかという仕様設計からはじまり、その半導体の処理速度や消費電力、サイズ、コストなどを決めます。

次に、決定した仕様を実現するために半導体にもたせる機能設計に移ります。具体的には、半導体にもたせる機能をブロック（論理演算を行う機能の集まり）ごとに設計し、それを図で示します。

次は、論理設計と回路設計という2つの作業です。論理設計では各機能のブロックを回路として表現し、回路設計では論理設計でつくった図をトランジスタレベルに落とし込みます。

そして回路設計でつくったものを配置したレイアウトを設計したら、そのレイアウトをもとにフォトマスクと呼ばれる回路パターンを作成します。これをもって設計の作業は終了となります。

半導体の設計プロセス

①仕様設計
どんな半導体をつくるのか、具体的には処理速度や消費電力、サイズ、コストなどを決める

②機能設計
仕様設計を実現するために必要な機能をブロックごとに設計し、それを図で示す

③論理設計
各機能のブロック図を回路として表現する

④回路設計
論理設計でつくったブロック図をトランジスタレベルに落とし込む

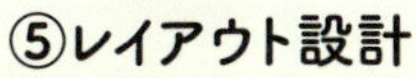

⑤レイアウト設計
回路設計でつくったものを効率よく配置したレイアウトを設計する

⑥フォトマスク作成
レイアウトをもとに回路パターン（フォトマスク）を作成する

半導体こぼれ話　半導体の設計に不可欠なツール

半導体を設計する際にはEDA（Electronic Design Automation）と呼ばれるツールが欠かせません。EDAとは半導体設計の自動化ソフトのこと。現在の先端半導体は、トランジスタの数が10億個を超えるようなものも少なくなく、手作業で設計するのは困難です。そこでEDAを使い、その支援を受けて、ICやプリント基板の設計を行うのです。

半導体のつくり方②

半導体の基板となるシリコンウエハを用意する

Point

- シリコンウエハが半導体製造の基板となる。
- シリコンウエハはケイ石が原料となる。
- 金属シリコンから極めて高純度な多結晶シリコンをつくる。

ケイ石が原料となる

半導体製造にはシリコンウエハが欠かせません。薄くて平たいウエハの表面に、設計した回路をつくり込んでいくのです。

シリコンウエハは、ケイ石を原料としてつくられます。ケイ石は自然界にさまざまな形で存在していますが、半導体の材料としては海外で産出する高純度のものが使われます。

ケイ石を石炭やコークスなどとともに電気炉で加熱すると、還元分解反応によって酸素が分離して、金属シリコンができます。ちなみに、この工程では膨大な電力を消費するため日本国内では行われず、日本企業は海外で製造されたものを輸入する形をとっています。

金属シリコンは98〜99％程度の純度がありますが、これでは十分でありません。より高純度化する必要があります。

そのためには金属シリコンをガス化するなどして不純物を除去するシーメンス法を用い、「半導体グレード」と呼ばれる99.999999999％の高純度の多結晶シリコンをつくります。そして多結晶シリコンをCZ法（チョクラルスキー法）によって単結晶化し、単結晶シリコンインゴットをつくるのです。

鏡面のような仕上がりに

単結晶シリコンインゴットは棒状の塊です。これをピアノ線や切削砥粒を使ったワイヤーソーなどで1枚1枚スライスしていきます。

そのままでは表裏面や外周が粗いので、ダイヤモンド砥石などで研削・研磨し、薬剤や超純水で洗浄します。そして鏡面のような仕上がりになったら、シリコンウエハの完成です。

シリコンウエハができるまで

CZ法でシリコンインゴットを製造する

多結晶シリコンを砕いてるつぼに入れる

加熱して溶かした小さな結晶（種結晶）を融液に浸す

種結晶を回転させながら引き上げると、単結晶化した棒状の塊になる

参考：SUMCO

❶ケイ石

海外で産出する高純度のケイ石を材料とする

❷シリコンインゴット

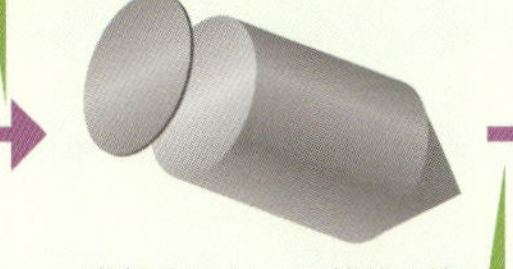

単結晶シリコンの棒状の塊（インゴット）をつくる

❸シリコンウエハ

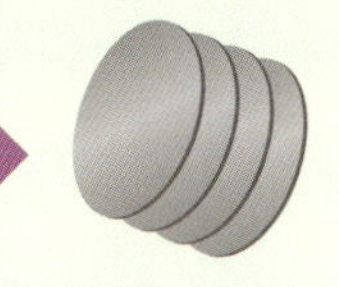

単結晶シリコンインゴットからシリコンウエハをつくる

スライス・研磨して表面を整える

単結晶シリコンインゴットに手を加え、シリコンウエハをつくる

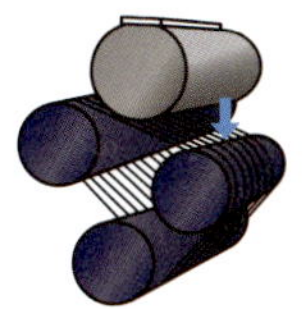

ワイヤーソーなどで単結晶シリコンインゴットをスライス

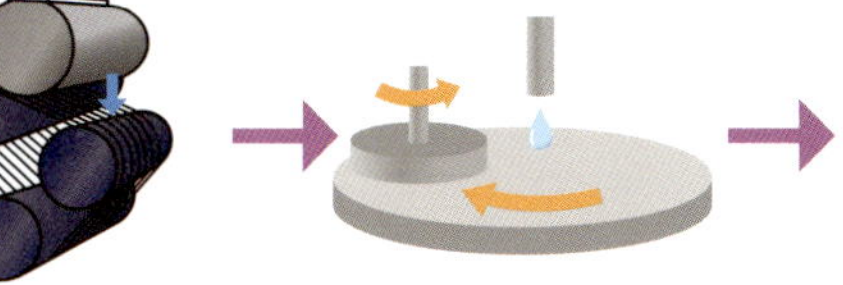

ダイヤモンド砥石などで表裏面、外周を研削・研磨する

薬剤や超純水で洗浄して仕上げる

半導体こぼれ話　どんどん大きくなるシリコンウエハ

シリコンウエハの大きさはmmサイズ、また慣習としてインチサイズ（1インチ=2.54cm）で呼ばれます。ウエハは口径を大きくすると1枚あたりのチップ取れ数が増えてコストが下がるため、技術の進展とともにどんどん拡大。1970～80年代に4インチ、5インチ、そして6インチとなり、1991年に8インチ、2001年からは12インチが量産に使用されています。

半導体のつくり方③

前工程ではウエハ上に回路を形成し、単一のチップをつくる

Point

■ 設計が済んだら前工程に入る。
■ 前工程ではシリコンウエハ上に成膜し、回路パターンを転写するなどして、半導体チップをつくる。

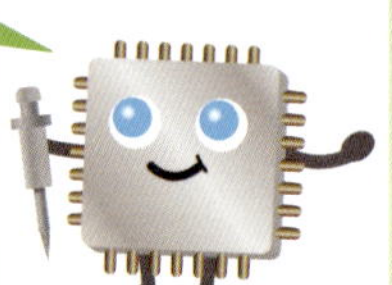

回路パターンをウエハに転写

設計の段階で回路パターン（フォトマスク）をつくってシリコンウエハを用意したら、いよいよ前工程に入ります。ウエハ上に回路を形成していき、単一の半導体チップをつくるのです。

最初は成膜です。ウエハを洗浄して異物を除去し、薄膜を作成。電気を通す導電膜、電気を通さない絶縁膜、両方の性質をもつ半導体膜をつくっていきます。これが回路の基板となります。

次は回路パターン（フォトマスク）をウエハの表面に転写するフォトリソグラフィです。ウエハにフォトレジストという感光剤を塗り、フォトマスクとレンズを重ねて紫外線を当てると、回路パターンが転写されます。そして次の露光で現像液をかけると、ウエハ上に残っているフォトレジストが溶け、薄膜の層が現れるのです。

イオン注入で電気的特性をもたせる

次はエッチングを行います。ガスや薬液を使って余分な薄膜やフォトレジストを除去していくと、最後に回路パターンの薄膜だけが残ります。

次は不純物注入。高純度のシリコンは電気を通しにくいため、ウエハの表面にイオンを打ち込み、電気が流れやすくします。薄膜部分にはイオンが入らないので、ウエハは電気が流れやすかったり流れにくかったりする半導体になります。その後、不純物注入によって崩れたシリコンの結晶構造を回復させる熱処理を行います。

次は平坦化です。化学的・機械的作用を合わせたCMP装置を使い、薄膜の凹凸を除去します。

そして配線を施したら、不具合の有無を調べる検査を実施します。ここまでの工程は何度も繰り返し行われ、やがて後工程へと進んでいきます。

前工程の流れ

①成膜
ウエハを洗浄して異物を除去し、薄膜をつくる。導電膜、絶縁膜、半導体膜がある

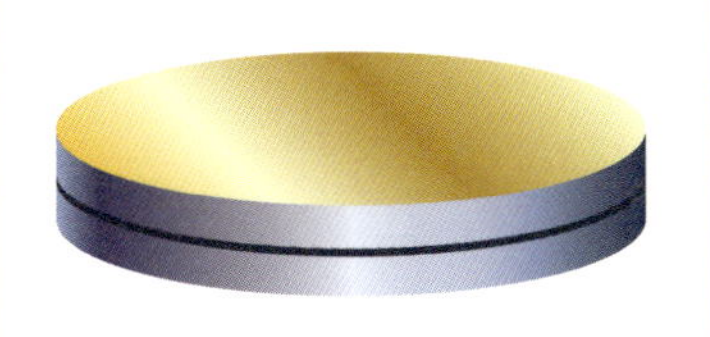

②フォトリソグラフィ（レジスト塗布）
ウエハにフォトレジストという感光剤を塗る

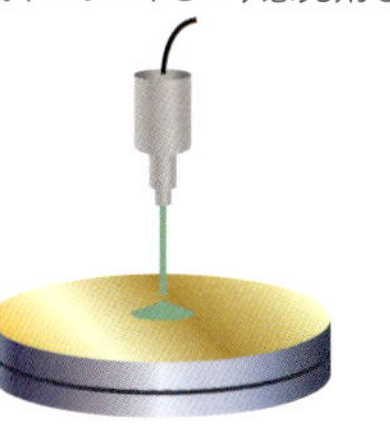

③フォトリソグラフィ（露光）
フォトマスクとレンズを重ねて紫外線を当て、回路パターン（薄膜）を転写する

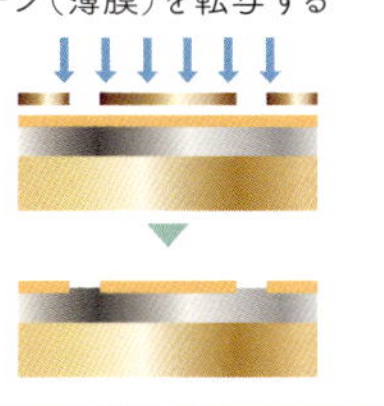

④エッチング
ガスや薬液で余分な薄膜やフォトレジストを除去し、回路パターンだけの状態にする

⑤不純物注入
ウエハの表面にイオンを打ち込むことにより、電気が流れやすくする

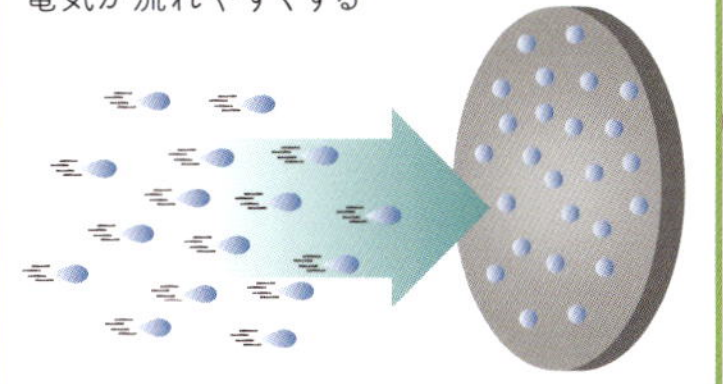

⑥熱処理
熱処理により、不純物注入によって崩れたシリコンの結晶構造を回復させる

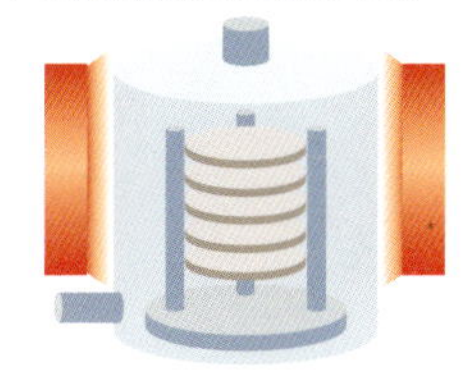

⑦平坦化
化学的・機械的作用を合わせたCMP装置を使って、薄膜の凹凸を除去する

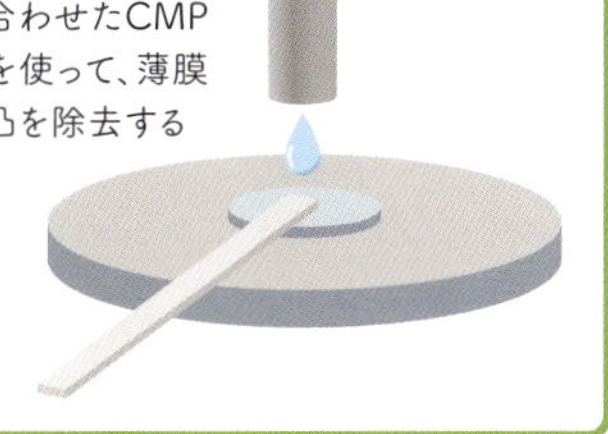

⑧検査
チップに電気信号を入力して検査を行い、不具合の有無を調べる

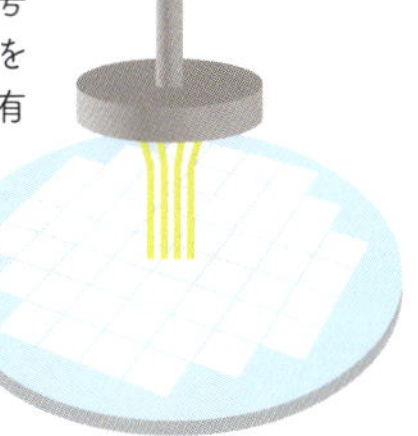

半導体のつくり方④

後工程ではウエハからチップを切り離し、パッケージ化して仕上げる

Point

- 前工程の後は、後工程のプロセスを進める。
- 後工程では、半導体チップをシリコンウエハから切り離し、それを金属の基板に固定して、パッケージ化する。

ウエハ上のチップを切り離す

後工程は前工程でつくった半導体チップをシリコンウエハから切り離し、パッケージ化して仕上げる、というのが大まかな流れになります。

前工程を経た1枚のウエハ上には、数百～数千個ものチップがつくり込まれています。それを1個ずつバラバラに切り離していく工程を、ダイシングといいます。一度につくって小分けにすることによって、コスト削減につながります。

具体的にはウエハを専用のシートに貼り付け、ダイヤモンド砥粒を付着させたブレード（刃）を高速回転させることによってチップを切り離すのです。ダイヤモンドブレードではなくレーザーダイシングを使えば、ブレードによる機械的なダメージを与えることなくチップの切り分けができます。

チップをパッケージ化して出荷する

切り離したチップはリードフレームという金属の基板に接着します。これをダイボンディングといいます。さらにチップとリードフレームの端子を金属線でつなぎ、チップを電気的に接続。これをワイヤーボンディングといいます。

次はモールディングに進みます。チップを樹脂で封止（モールド）することによって、物理的損傷や環境の影響を受けないように保護するのです。樹脂が固まったらチップをリードフレームから切り離し、半導体デバイスとして仕上げます。なお、後工程ではモールディングの際にチップの電気的特性を検査して不良品を除去します。

そしてチップにマーキングを施し、識別番号やロゴを印字したら、最終検査を行い、いよいよ出荷となります。

後工程の流れ

①ダイシング
ウエハ上につくり込まれたチップを、1個ずつバラバラに切り離す

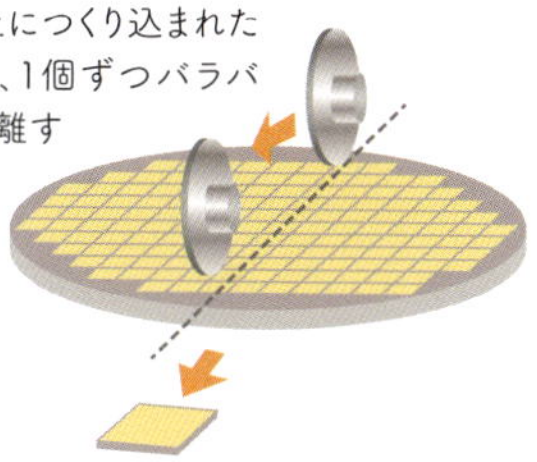

②ダイボンディング
切り離した個々のチップを、リードフレームという金属の基板に接着する

③ワイヤーボンディング
固定されたチップとリードフレームの端子を金属線でつなぐ

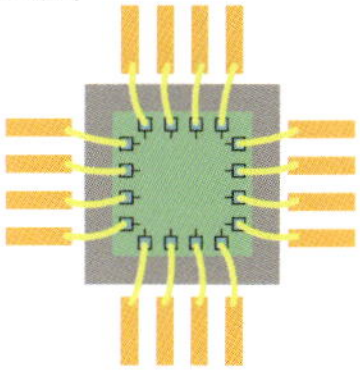

④モールディング
チップ保護のため樹脂で封止。樹脂が固まったらチップをリードフレームから切り離す

⑤マーキング
チップにマーキングを施し、識別番号やロゴを印字する

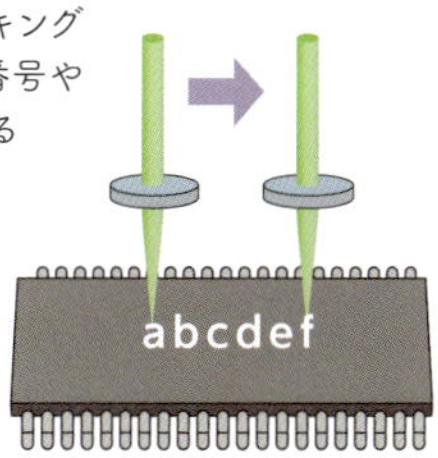

abcdef

⑥検査
信頼性検査と呼ばれる最終検査を行い、合格したものを出荷する

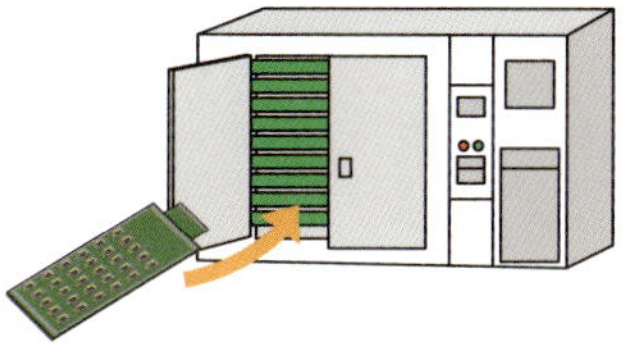

半導体こぼれ話

「歩留まり」の改善が工場の目標

半導体を出荷して販売し、利益になった製品の割合を「歩留(ぶど)まり」といいます。その歩留まりをよくすることが半導体工場の目標のひとつとされています。1チップ1000円の製品の1ヶ月の歩留まりが70%だったとしましょう。それが80%に改善されると、1ヶ月あたりの売上が2000万円増加することになります。歩留まりは、工場にとって重要な数値なのです。

微細化による高性能化が進む

小さければ小さいほどよい半導体。どこまで小さくなるのか？

Point

- 半導体は小さければ小さいほどよい。
- ムーアの法則によると、半導体の集積度（＝性能）は18ヶ月で2倍になる。
- 半導体の微細化が進み、トランジスタの構造も変わってきた。

微細化が進む半導体

半導体は小さければ小さいほど、性能がよいと考えられています。小さければ、ひとつのチップ上により多くの半導体を載せられるため、電子の移動距離の短縮が処理速度の向上につながったり、消費電力の低減をもたらしたりするのです。

この半導体の微細化については、インテルの創業者のひとりであるゴードン・ムーアが1965年に唱えた「ムーアの法則」が広く知られています。「半導体の集積度（＝性能）は18ヶ月で2倍になる」というものです。

これを指針として半導体業界が微細化を推進してきた結果、現在では数cm角のチップに数十億個から数百億個のトランジスタを載せられるようになりました。たとえばアップルのiPhone15 Proには、「3nm世代」と呼ばれる最先端のトランジスタが約190億個も搭載されています。

平面構造から立体構造へ

では、トランジスタはどのような構造になっているのでしょうか。かつてはプレーナ型という平面的な構造のなかで、より微細なトランジスタを製造するための技術開発が進められてきました。

しかし、微細化が進むにつれて、本来は電流が流れない絶縁部から電流が漏れるなどの問題が発生したことから、FinFET型という立体的な構造に変化。近年の先端半導体は、これが主流になっています。ところがその後、FinFET型でも電流を制御しきれなくなり、さらに進化したGAA型への切り替えが進みつつあります。

微細化のペースは以前よりも遅くなっていますが、小さくすることで性能をよくしようとする動きはまだまだ続いていきそうです。

微細化によるトランジスタ構造の変化

プレーナ型（かつての定型）

平面的な構造。ソースとドレインの間のチャネルの部分を流れる電流を、ゲートが上から制御する。しかし、絶縁部から電流が漏れるなどの問題が発生した

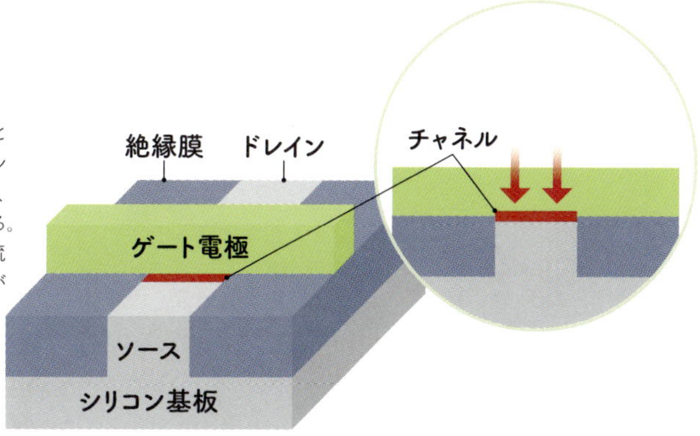

FinFET型（近年の主流）

立体的な構造。チャネルの部分を、ゲートが上と左右から制御する。近年の先端半導体はこの構造になっているが、これでも電流を制御できなくなってきた

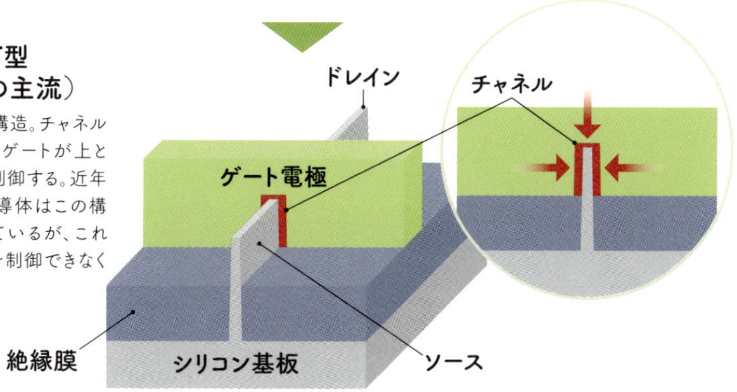

GAA型（新たなタイプ）

チャネルの部分を、ゲートが上下左右の四方から制御する。縦に隙間を空けて積み上げる構造になっており、電流をより細かく制御できる

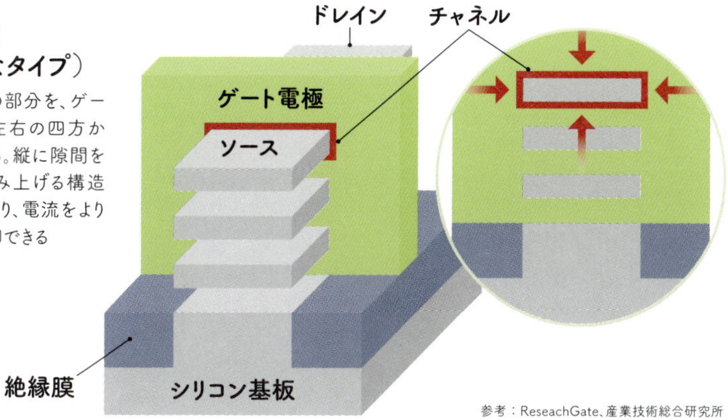

参考：ReseachGate、産業技術総合研究所

半導体と未来

半導体の進化が将来の世界にどんな影響を及ぼすのか？

Point

- 半導体はどんどん進化していく。
- 半導体によって生活や産業が変わる。
- 常に半導体の情報はアンテナを立てていたい。

より快適で便利になる日常

半導体の進化はとどまることを知りません。今後ますます高性能化が図られ、用途も広がり、日常生活が変わっていくと予想されます。

では、半導体の進化によって、将来どのような変化が起こるのでしょうか。いくつか具体的に見ていきましょう。

まず身近なところでは、交通インフラの進歩につながります。現在、自動運転技術の実用化が着々と進んでいますが、走行判断の「頭脳」となるAIの能力向上には高速演算処理の可能な半導体が欠かせません。

また半導体が進化して情報処理や通信の高度が向上すると、「Machine to Machine（M2M）」のしくみを構築できるようになります。M2Mとは、機械同士が人間を介さず相互に通信を行い、情報をやりとりしたり自動制御したりする技術のこと。これによってIoT（In Things＝住宅、自動車、家電製品、電子機器といったあらゆるモノをネットワークに接続する技術）化がいっそう進み、より快適で利便性の高い生活を送れるようになります。いわゆるスマート社会の到来です。

地球温暖化の防止やSDGsの実現も、半導体次第といえるかもしれません。世界は2050年までに温室効果ガスの排出量を実質ゼロにするカーボンニュートラルの取り組みを進めていますが、それをパワー半導体が支えています。パワー半導体が進化して電力変換がより効率的になれば電力損失の低減につながり、脱炭素社会に近づいていきます。

産業も大きく変わる

半導体の進化にともない変化する産業も少なく

ありません。

たとえば農業です。農業は高齢化が進んでいる業種のひとつで人手不足が深刻なうえ、天候の影響などで収量が不安定といった問題を抱えています。そこで期待されるのが農業のIoT化です。人手不足は自動走行や遠隔操作が可能なドローンやロボットなどで解消できますし、センサを使ったネットワークでデータを管理すれば作物栽培の効率化も図れます。

林業や水産業も半導体との関わりを強めていくでしょう。

林業の場合、広大な森林の管理に半導体技術を応用することができます。たとえばセンサネットワークでデータを集め、AIを使えば樹木の生育状況を予測できるでしょう。

水産業では、すでに魚群探知機などに半導体技術が用いられていますが、AIでデータを調べれば魚の群れの行動分析が可能になります。

量子コンピュータ実現のカギ

もうひとつ、半導体との関係で見逃せないのが量子コンピュータです。

量子コンピュータは世界最高速のスーパーコンピュータを使って1万年かかる計算を、わずか200秒で解くことができる次世代のコンピュータ。これが実用化されれば、さまざまな科学分野のパフォーマンスを圧倒的に高めることができます。

そんな量子コンピュータの実現するためのひとつの手法として、半導体技術を応用したシリコン方式の研究が進められています。グーグルは量子コンピュータの分野に2014年から参入しており、2024年には新型の半導体チップ「ウィロウ」を開発しました。これをアメリカのスーパーコンピュータ「フロンティア」に搭載したところ、10の25乗年（1の後にゼロが25個）もの時間がかかっていた計算を5分かからずに解けたそうです。

半導体情報にアンテナを

多くの人々にとって必要不可欠な物資となっている半導体。その進化が日々の生活から経済、技術、そして国際政治に影響を与え、今後も世の中を大きく変えていくでしょう。

【著者略歴】

ずーぼ

半導体プロセスエンジニア。地方国立大学大学院修了後、半導体関連企業に入社。現在は半導体工場で働きながら、業界情報について発信するブログとYouTubeを運営している。運営するYouTube「半導体業界ドットコムch」はチャンネル登録者数２万人を超える。主な著書に『ビジュアル図鑑―今と未来がわかる半導体―』（ナツメ社）、『60分でわかる！ パワー半導体 超入門』（技術評論社）がある。

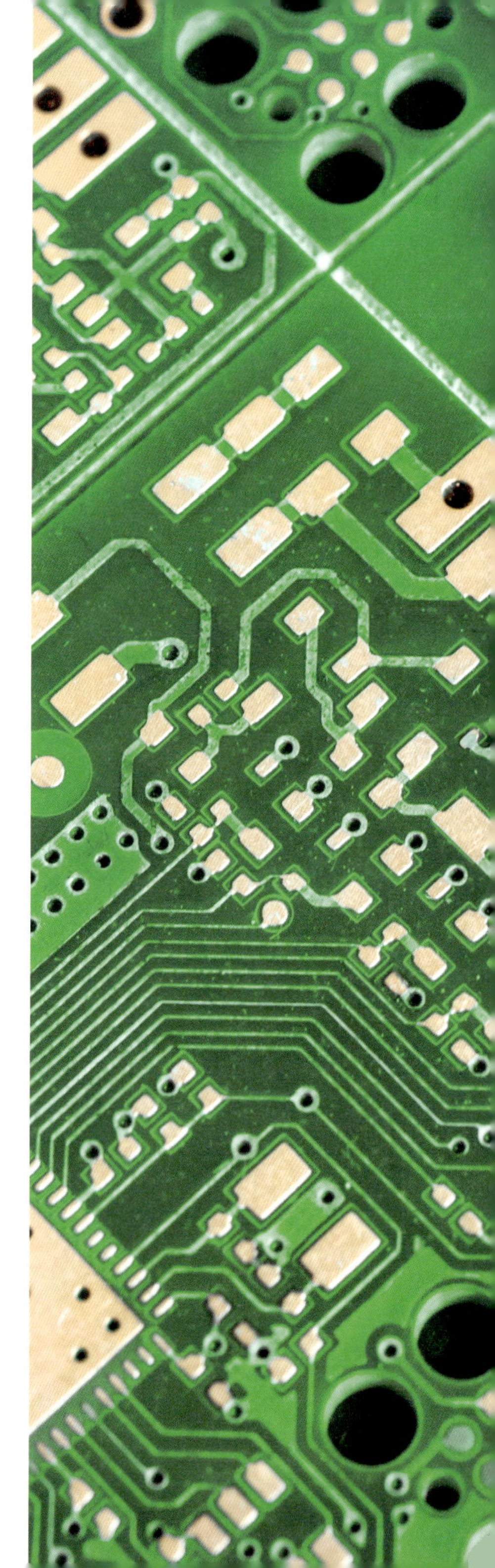

【STAFF】
装丁・本文デザイン／柿沼みさと
本文DTP／伊藤知広（美創）
本文イラスト／いわせみつよ
編集／株式会社ロム・インターナショナル

ビジュアル版 一冊でつかむ
世界を動かす半導体

2025年３月20日　初版印刷
2025年３月30日　初版発行

著　者　ずーぼ

発行者　小野寺優
発行所　株式会社河出書房新社
〒162-8544
東京都新宿区東五軒町2-13
電話 03-3404-1201（営業）
03-3404-8611（編集）
https://www.kawade.co.jp/
印刷・製本　三松堂株式会社

Printed in Japan
ISBN978-4-309-62963-6